救命！

DAILY HAND KNITTING

每日的
手编小物

日本宝库社　编著
蒋幼幼　译

U0226645

河南科学技术出版社
· 郑州 ·

目录

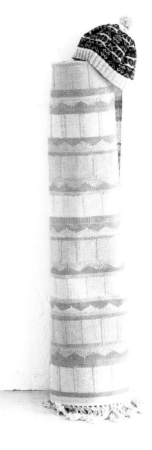

POLAR BEAR MITTENS

北极熊连指手套

连指手套上北极熊的表情非常可爱。
因为手掌和手背的花样相同，
所以，只要编织2只一样的手套即可。
拇指上的刺绣就像北极熊的脚趾，可爱极了！

教程&编织方法 **P.30**
用线　RichMore PERCENT

你好!

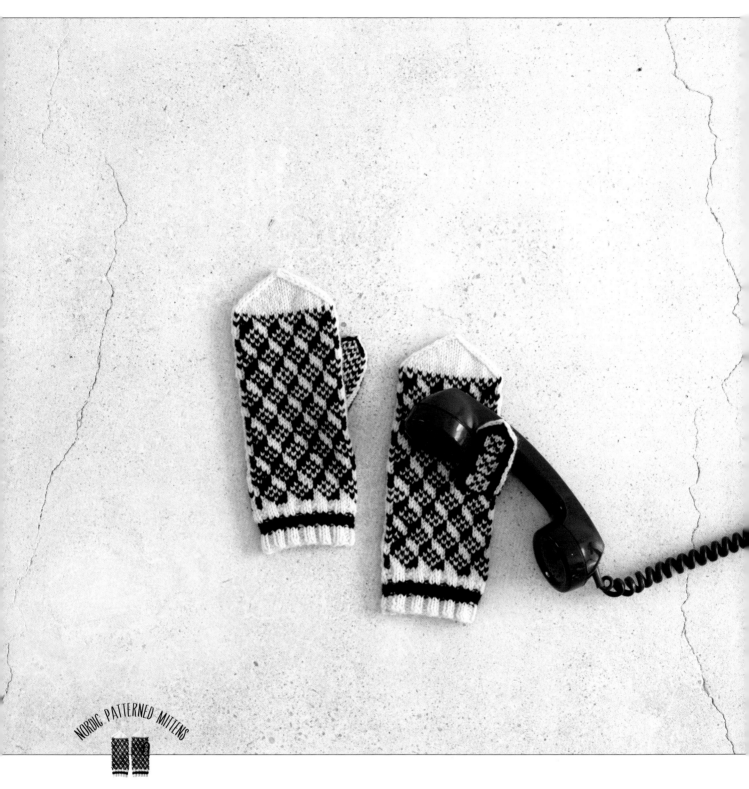

NORDIC PATTERNED MITTENS

北欧花样的连指手套

拿近了看，放远了看……
仔细观察，是不是很立体？
就像排列着一个个小箱子，真是有趣的花样。

编织方法　**P.42**
编织方法　**P.42**
用线　Puppy SHETLAND

KNITTED CAP

配色编织的帽子

使用两种颜色，可轻松快速地配色编织的帽子。
粗花呢绒线的异色棉结纱时不时地冒出来，
独具特色。

编织方法　**P.44**
用线　Hamanaka　Aran Tweed

插肩袖毛衣

这款毛衣编织起来会需要一点耐心，
但是前、后身片的花样排列相同。
如果衣橱里有这样一件暖和的毛衣，
你会经常穿它的。

后面

前面

编织方法　P.45
用线　Puppy BRITISH EROIKA

看我！

DROP PATTERN CAP

水滴花样的帽子

帽子上的花样就像是滴答滴答掉落的水滴，
甚是可爱。水滴花样由1针中加出5针，
再减回1针编织而成。

重点教程　**P.36**
编织方法　**P.48**
用线　Hamanaka　Sonomono Alpaca Wool（中粗

LACE SCARF

蕾丝花样的围巾

整体都是菱形花样的蕾丝围巾。
羊绒线的手感柔软舒适，
成品轻盈。

编织方法 **P.49**
用线 RichMore CASHMERE

COLORFUL MITTENS

五彩连指手套

多色线编织，看起来好像很难，
但是1行最多使用2种颜色。
即使是初学者，也不妨努力挑战试试。

| 编织方法 **P.50**
| 用线   Jamieson's Shetland Spindrift

ROUND YORK CAPE

圆育克斗篷

育克部分的配色编织是这款斗篷的一大特色。
感觉有点凉意时，可以马上披上，
还能成为一身搭配中的亮点哦。

编织方法　**P.52**
用线　Puppy　BRITISH EROIKA

EMBROIDERED MITTENS

小鸟刺绣连指手套

在下针编织的织片上绣上小鸟图样，
完成后就像是配色编织的连指手套。
这款手套偏小，也适合儿童佩戴。

编织方法　**P.54**
用线　Jamieson's　Shetland Spindrift

TONGARI CAP

黄色尖顶帽

麻花花样的尖顶帽，
可与任何装束搭配。
为了翻折时不露出织物的反面，
用了一点小技巧。

| 重点教程 **P.37**
| 编织方法 **P.56**
| 用线 Puppy SHETLAND

嘘······

CABLE PATTERN CAP

麻花花样的帽子

重复麻花花样和交叉罗纹针编织而成的温暖帽子。
正因为款式简单，
可尽情享受花样编织的乐趣。

重点教程 **P.38**
编织方法 **P.53**
用线 RichMore Camel tweed

POLKA-DOT SHAWL ARRANGE

水珠花样的披肩 不同的穿法

翻折上端，
乖巧可爱

穿法2

用安全别针固定，
简洁大方

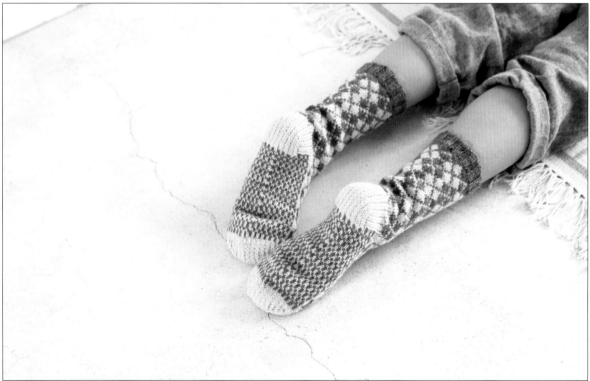

ARGYLE PATTERN SOCKS

菱形花样的短袜

配色编织的菱形花样短袜，
无论是双色还是多色线编织，都非常愉快。
袜跟的编织方法请参考P.38的重点教程。

编织方法　**P.64**
用线　RichMore PERCENT

THREE WAY CAPE

多 种 穿 法 的 斗 篷

可穿在大衣外面的斗篷，
上面的纽扣可以解开或扣上。
改变翻折的位置，也可以当作围脖。

编织方法 **P.66**
用线 Hamanaka Sonomono Alpaca Wool

穿法2

穿法1

对折，可当围脖

扣上纽扣，
整洁清爽

THREE WAY CAPE ARRANGE

多种穿法的斗篷 不同的穿法

穿法3

解开纽扣，
方便活动

请温柔点……

FOX MUFFLER

小狐狸围巾

拥有灵敏可爱的耳朵和尾巴的小狐狸围巾。
虽说是儿童款，
大人围起来也很可爱哟！

重点教程　**P.40**
编织方法　**P.68**
用线　RichMore spectre modem

CAP AND HANDWARMER

配色编织的儿童帽子和露指手套

配色编织的雪花花样帽子和露指手套，
正适合顽皮的儿童。一起编织帽子和露指手套，
作为冬季爱用的两件套吧！

编织方法 **P.70-71**
用线 RichMore PERCENT

小花连指手套

排列着红色小花的儿童连指小手套。
在手腕的折边处用红色线织入了1行，
像海扇一样的饰边也低调地绽放着美丽。

编织方法　**P.72**
用线　Jamieson's Shetland Spindrift

教程

北极熊连指手套的编织方法

照片 **P.04**

讲解P.04北极熊连指手套的编织方法。
重点讲解手腕部位的花样和拇指的编织方法。
中间的白色部分用2股原色线交替编织。让我们边看教程边试着编织吧!

材料和工具

RichMore PERCENT 原色(120)/50g、绿色(107)/15g
5根短棒针 4号、3号

成品尺寸

掌围20cm、长24.5cm

编织密度

10cm×10cm面积内:配色花样A、B 29针,30.5行

编织要领

● 手指挂线起针起56针,环形编织,织26行编织花样。
● 换针号,横向渡线编织配色花样。
● 参照图解一边加针一边编织,拇指挑针位置的22针休针备用。
● 指尖部分参照图解一边减针一边编织,在剩下的10个针目里穿2圈线后拉紧。
● 将拇指部位的针目分到3根棒针上。接线,横向渡线编织配色花样A,从主体侧边针目与针目之间的横线里挑出1针,共23针,环形编织。指尖位置按图解减针,在剩下的针目里穿2圈线后拉紧。
● 在拇指指尖处绣上小爪子。

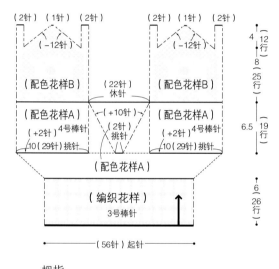

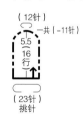

拇指
(配色花样A) 4号棒针

完成图

1股绿色线
直线绣

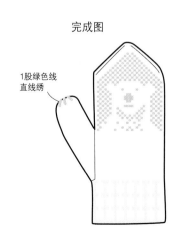

拇指

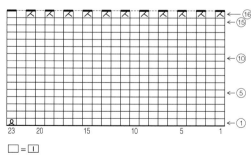

□ = ﹇
□ =2股原色线每针交替编织

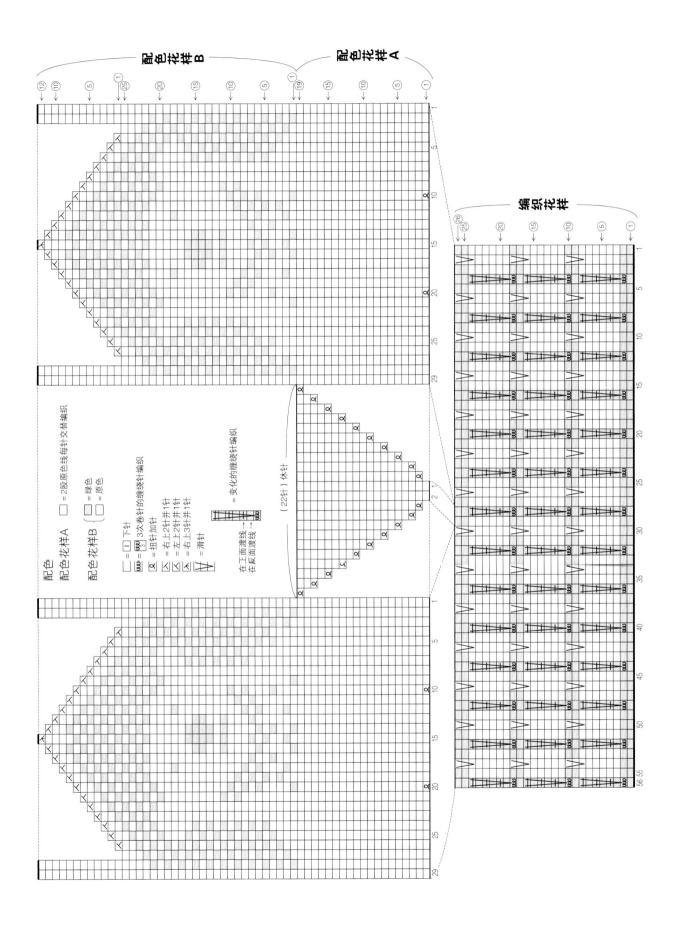

配色

配色花样A　　□=2股原色线每针交替编织

配色花样B　{　■=绿色
　　　　　　　□=原色

□=□下针
⦙⦙⦙=⦙⦙⦙=3次卷针的缠绕针编织
⦿=扭针加针
⋋=右上2针并1针
⋌=左上2针并1针
⋀=右上3针并1针
Ⅴ=滑针
⦙⦙⦙⦙=⦙⦙⦙=右上2针并1针
　　　　　　左上2针并1针
在工面渡线→
在反面渡线←
=变化的缠绕针编织

（22针）休针

配色花样B

配色花样A

编织花样

- 31 -

一起编织北极熊连指手套吧！

起针

编织手腕部位的花样

01 用绿色线开始。手指挂线起针起56针，将针目分到3根棒针上。这是第1行。

02 第2行：将第1行连成环形，注意针目不要扭曲。先织3针下针。

03 将棒针插入第4针里，在针头绕3次线。

04 将绕线拉出。

05 重复步骤02~04至最后。在该行结束时穿入记号圈，区分行与行的交界，便于编织。

06 第3行：绿色线暂停编织，接原色线。

07 先织3针下针。

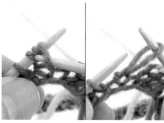

08 织第4针时，将棒针插入前一行绕3次线的针目里，从左棒针上取下。该针目处于拉长的状态。

09 继续织后面的3针下针。

10 接着将棒针插入前一行绕3次线的针目里，与步骤08一样从左棒针上取下。

11 重复步骤09、10至最后。

12 第4行：先织3针下针。

13 将线放在织物前面，如箭头所示插入棒针将针目移至右棒针上。

14 重复步骤12、13至最后。

15 按图解编织至第8行。第9行换成暂停编织的绿色线。换线时将两种颜色的线进行交叉，这样反面的渡线会很漂亮。

16 原色线暂停编织，用绿色线开始编织，织1针下针。

17 下一个针目不织，移至右棒针上（滑针）。

18 重复"3针下针、1针滑针"至该行最后。

19 按图解编织至第26行。留15cm左右的线头后剪断。

编织配色花样A

20 配色花样A的第1行用2股原色线每针交替编织。

21 先用暂停编织的线（a）织下针。

22 接着用新接的线（b）织下针。后面，（a）线在上、（b）线在下挑线编织。

23 织了9针的状态。

24 下一针用右棒针如箭头所示将针目与针目之间的横线挑起挂在左棒针上，织扭针。

加针编织出拇指部分

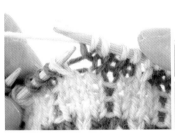

25 挂线呈扭转的状态（扭针加针）。1针加针完成。

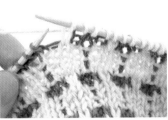

26 继续按图解编织至第29针。

27 此处放1个记号圈。

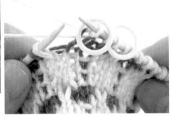

28 织2针后再放1个记号圈。

29 继续按图解编织至该行最后。

30 第2行编织配色花样A至第1个记号圈。

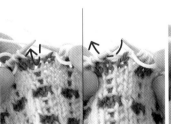

31 将记号圈移至右棒针，挑起针目与针目之间的横线织扭针加针。

32 扭针加针完成的状态。后面2针织下针。

一起编织北极熊连指手套吧！

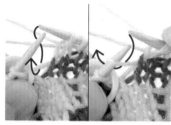

33 织完2针下针后，挑起针目与针目之间的横线织扭针加针。

34 扭针加针完成的状态。将第2个记号圈移至右棒针上，继续编织。

35 按图解编织至第19行的状态。

36 将两个黄色记号圈中间的针目（拇指部分）穿到另线上，休针备用。

编织配色花样B

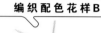

37 继续环形编织剩下的针目。从配色花样B的第1行开始，用绿色线和原色线各1股，编织北极熊的配色花样。

38 与步骤21、22的编织要领相同，手指上挂2股线，按花样挑线编织。编织至第25行的状态。

指尖部位的减针

39 指尖部位的第1行先织2针下针。

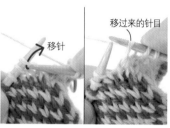

移针　　移过来的针目

40 下一个针目不织，移至右棒针上。

41 下一个针目织下针。

覆盖

42 将左棒针插入步骤40中不织移过来的针目里，将其覆盖到步骤41中织的针目上。1针减针完成（右上2针并1针）。

43 继续按图解编织。

44 织完21针后，如箭头所示将棒针从左侧一次插入2个针目里，织下针。

45 2针并1针完成的状态。1针减针完成（左上2针并1针）。

46 侧边4针的左右各减了1针。用同样的方法一边减针一边按图解编织至指尖部位的第11行。从第9行开始用1股原色线编织。

47 第12行先织2针下针。

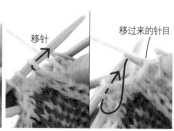

移针　　移过来的针目

48 下一个针目不织移至右棒针上，将棒针从左侧一次插入后面的2个针目里。

49 2针一起织下针。

覆盖

50 将左棒针插入步骤48中不织移过来的针目里，将其覆盖到步骤49中织的针目上（右上3针并1针）。

51 右上3针并1针完成的状态。按图解编织至该行最后。

52 编织至指尖部位第12行的状态。留15cm左右的线头后剪断。

53 将线头穿入缝针，在剩下的全部针目里穿2圈线后拉紧。

54 拉紧线后，将线从中心穿到织物反面。

55 在反面穿1次缝针固定线头，再处理好线头，注意使其从正面看不出来。

56 拇指以外的部分完成的状态。

编织拇指

57 将休针的针目穿到棒针上，呈环形。拆掉另线。

58 用2股原色线，与步骤21、22一样，将2股线分上下挑线，每针交替编织。

59 编织至第1行最后时，挑起针目与针目之间的横线。

60 在挑起的线中织扭针加针。

61 按图解编织至第16行，与步骤53~55一样，处理好指尖的线头。

刺绣

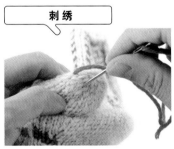

62 剪30cm左右的绿色线，穿入缝针，从拇指的反面入针将线拉出。

63 在喜欢的位置绣上3根直线绣。

64 在反面打2次结，扎紧后处理好线头。

完成！

介绍本书中出现的编织方法、技巧和作品的编织要领等。
从图解符号看起来好像很难的编织方法，只要掌握了编织要领也能轻松搞定。
让我们边看教程边试着编织吧！

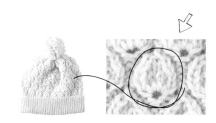

水滴花样的编织方法

P.10水滴花样的帽子中使用的编织方法。
也可应用在P.20水珠花样的披肩中。
※从编织花样的第5行开始说明。

01 将棒针插入要做加针的1个针目中。

02 挂线拉出，织下针。

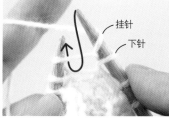

挂针
下针

03 不要将针目从左棒针上取下，直接挂针后再在同一个针目里插入棒针。

04 继续与步骤02一样织下针。

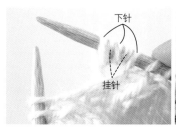

下针
挂针

05 与步骤03、04一样织完"挂针、下针"，再从左棒针上取下针目。由1针中加出5针完成（1针放5针的加针）。

06 继续按图解编织至第8行，第9行在加出的5针的两边减针。

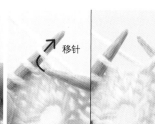

移针

07 首先，第1针不织移至右棒针上。

08 下一个针目织下针。

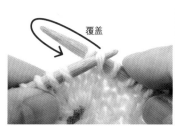

覆盖

09 将左棒针插入步骤07中不织移过来的针目里，将其覆盖到步骤08中织的针目上。

10 1针减针完成（右上2针并1针）。

11 下一个针目织下针。

12 接着如箭头所示将棒针从左侧一次插入2个针目里，织下针。

|3 2针并1针完成的状态。1针减针完成（左上2针并1针）。

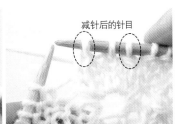

减针后的针目

|4 加出的5针减成了3针。

|5 继续按图解编织至第10行，第11行将水滴的3针再减成1针。

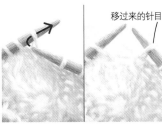

移过来的针目

|6 首先，第1针不织移至右棒针上。

|7 接着如箭头所示将棒针从左侧一次插入2个针目里，织下针。

|8 2针并1针完成的状态。

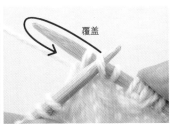

覆盖

|9 将左棒针插入步骤|6中不织移过来的针目里，将其覆盖到步骤|8中织的针目上（右上3针并1针）。

20 水滴花样完成。

尖顶帽的折边

P.15黄色尖顶帽中使用的技巧。

0| 编织4行单罗纹针后，再编织花样至第20行。

02 如图所示，将织物翻到反面。

03 反面朝外后，将织物上下翻转。

编织方向

04 从接线的位置开始，朝第20行之前相反的方向继续编织花样。编织起点处会有小小的洞，但是这是帽子的折边部分，翻折后就不明显了。

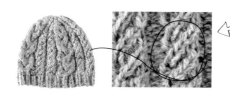

交叉罗纹针

P.16麻花花样的帽子中使用的编织方法。
※以编织花样的第3行为例进行说明。

01 如箭头所示，将棒针从左侧一次插入2个针目里。

02 像织下针一样挂线拉出，但不要将针目从左棒针上取下。

03 接着，再次将棒针插入左棒针上的第1个针目里。

04 像织下针一样挂线拉出。

05 从左棒针上将2针取下。

06 下一个针目也与步骤01~05一样编织。

07 2个交叉罗纹针完成。

学会了吗？

短袜的袜跟

P.17编织花样的短袜中使用的编织方法。
P.22、23菱形花样的短袜中的袜跟也是同样的编织方法。

01 环形编织双罗纹针和编织花样的脚踝部分完成的状态。

02 袜跟部分往返编织。第1行先织2针下针。

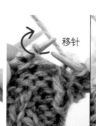

移针

03 第3针如箭头所示插入棒针，不织，将针目移至右棒针上（滑针）。

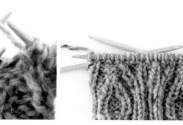

04 接着，重复织"下针、滑针"，第1行完成的状态。

05 第2行翻转织物，看着反面编织。第1针如图所示插入棒针，织滑针。

06 剩下的针目织上针。第2行完成的状态。

07 第3行的第1针也如图所示插入棒针，织滑针。

08 继续按图解编织，编织至袜跟的第16行的状态。

09 袜跟底部的第1行，织17针后织右上2针并1针。

10 右上2针并1针完成的状态。翻转织物至反面。

11 第2行的第1针织滑针。

12 接着织10针上针。

13 如图所示将棒针一次插入下2个针目里，织上针（上针的左上2针并1针）。

14 继续按图解编织至第12行。袜跟底部完成的状态。

15 袜底、袜面的第1行先织12针，接着图所示，从袜跟的侧边挑取针目。

16 从袜跟的侧边挑8针完成的状态。

17 挑完8针后，再挑起与下一个针目之间的横线，挂在左棒针上。

18 如箭头所示插入棒针编织，针目呈扭转状态（扭针加针）。

19 扭针加针完成的状态。

20 继续按图解编织，编织至另一侧的袜跟侧边。

21 与步骤17一样，挑起针目之间的横线，如箭头所示插入棒针。

22 织扭针加针。

23 与步骤15、16一样，也从另一侧袜跟的侧边挑8针。

24 短袜的袜跟部分完成。从此处开始再次环形编织。

小狐狸围巾的返口

P.26、27小狐狸围巾中使用的编织方法。
为了在反面处理头部和尾巴部分的线头所留的返口。

01 在返口处织9针伏针。

02 继续按图解编织，下一行编织至伏针处。

03 如图所示，在手指上挂线，插入棒针后取出手指，卷针完成。

04 一共做9针卷针。

05 继续按图解织下针。

06 下一行编织至卷针部分时，挑取每针卷针织下针。

07 挑取卷针织下针完成的状态。

08 继续按图解编织，制作返口。

快来织我吧 ♥

编织方法

为了让初学者也能挑战编织，

本书作品的设计旨在用尽量简单的编织方法制作出可爱的手编小物。

看起来很复杂的配色编织和编织花样，也请耐心地试着编织。

一定能编织出让寒冷季节的每一天都变得愉快的心爱之物。

让我们一起编织吧！

※每个人编织时手的力度存在差异。请参考作品的尺寸和密度，
结合自己的编织力度适当调整棒针号数和用线的分量。
※编织图解中数据的单位为厘米（cm）。

北欧花样的连指手套

照片 **P.06**

材料和工具

Puppy SHETLAND 白色（8）/40g、黑色（32）/30g

5根短棒针 4号、3号

成品尺寸

手掌围19cm、长24cm

编织密度

10cm×10cm面积内：配色花样 25.5针，30行

编织要领

● 手指挂线起针起48针，环形编织，织12行双罗纹针条纹花样。

● 换针号，接着横向渡线编织配色花样A。在拇指位置加入另线织下针，再将另线针目移到左棒针上，在另线上继续编织后面的花样。（右手和左手编织时要改变拇指位置）

● 主体的指尖部分参照图解减针，在剩下的4个针目里穿2圈线后拉紧。

● 拇指部位分为上下针目，用2根棒针挑取针目后拆掉另线。接线，从两端针目与针目之间的横线里也各挑出1针，共20针，按配色花样B环形编织。指尖按图解减针，在剩下的4个针目里穿2圈线后拉紧。

主体

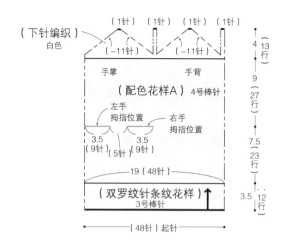

拇指

（配色花样B） 4号棒针

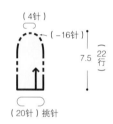

配色花样B（拇指）

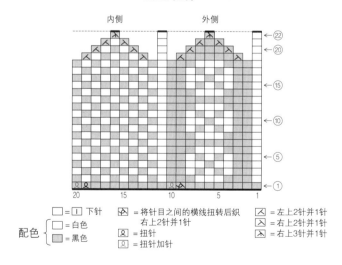

-42-

主体

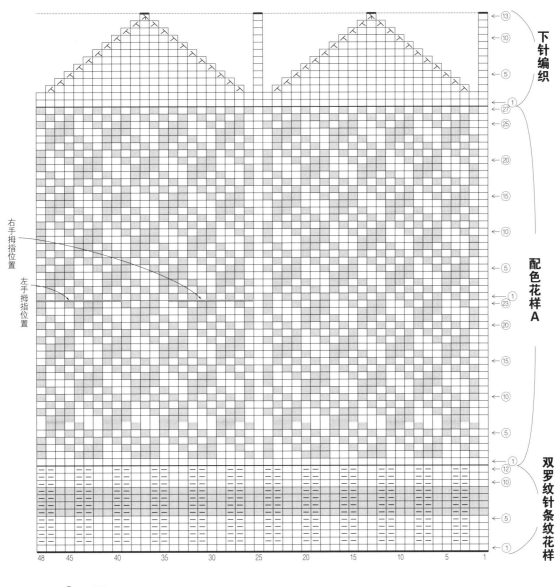

右手拇指位置

左手拇指位置

下针编织

配色花样A

双罗纹针条纹花样

配色 { □ = 白色
       ▨ = 黑色 }

□ = □ 下针
□ = 上针
⋏ = 左上2针并1针
⋋ = 右上2针并1针
⋏ = 右上3针并1针

配色编织的帽子

照片 **P.07**

材料和工具

Hamanaka Aran Tweed 黑色（12）/70g、原色（1）/21g

4根棒针 8号、6号

成品尺寸

头围54cm、帽深22cm

编织密度

10cm×10cm面积内：配色花样 20针，23.5行

编织要领

● 手指挂线起针起96针，环形编织，织35行双罗纹针。

● 换针号，一边在第1行加12针一边横向渡线编织配色花样，帽顶一边分散减针一边织38行。

● 在剩下的36个针目里穿2圈线后拉紧。

● 用黑色线制作毛绒球，缝在帽顶。

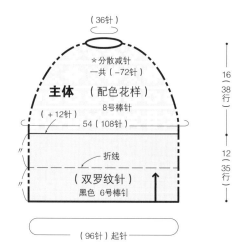

（36针）

＊分散减针
一共（−72针）

主体 （配色花样）

8号棒针

（+12针）

54（108针）

折线

（双罗纹针）

黑色 6号棒针

16 38 行

12 35 行

（96针）起针

毛绒球 黑色

7

完成图

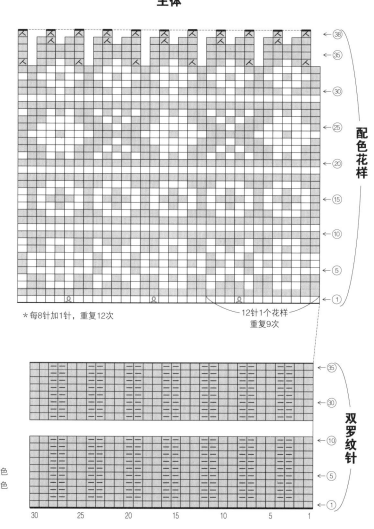

制作毛绒球
后缝好

制作毛绒球后缝好

毛绒球的制作方法

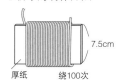

7.5cm

厚纸 绕100次

中间扎紧，
两端剪断，
然后修剪形状

主体

＊每8针加1针，重复12次

12针1个花样
重复9次

配色花样

双罗纹针

＊每8针加1针，重复12次

配色 □＝原色
■＝黑色

□＝Ⅰ 下针
⊟＝上针
⊠＝扭针加针
⊠＝左上2针并1针

38 35 30 25 20 15 10 5 1

35 30 10 5 1

30 25 20 15 10 5 1

- 44 -

插肩袖毛衣

照片 P.08-09

材料和工具

Puppy BRITISH EROIKA 蓝色（198）/ 540g

2根棒针 10号

4根棒针 8号

成品尺寸

胸围92cm、衣长53cm、总袖长70.5cm

编织密度

10cm×10cm面积内：编织花样A 16.5针，23行；编织花样C 20.5针，23行

6.5cm×10cm面积内：编织花样B 14针，23行

编织要领

● 前、后身片与袖子均用手指挂线起针，织14行双罗纹针。

● 换针号，身片排列编织花样A、B、C，无须加减针编织64行至腋下。接下来后身片的46行、前身片的40行，一边在插肩线和领窝位置减针一边继续编织。

● 袖子排列编织花样A、C，一边在袖下加针一边编织88行，接下来一边减针一边编织。袖子左右对称各织一片。

● 身片与袖子的插肩线、袖下、胁做挑针缝合，腋下用下针无缝缝合法缝合。

● 领子挑取针目后环形编织14行双罗纹针，松松地做伏针收针，向内翻折后卷针缝缝合。

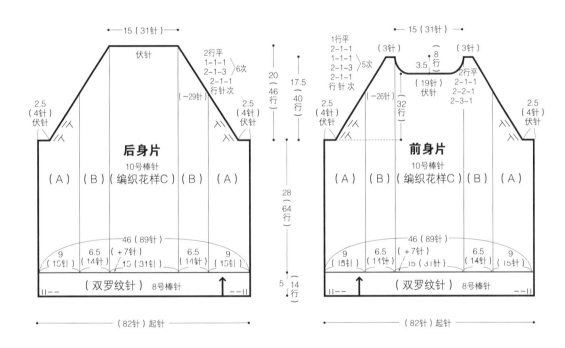

双罗纹针

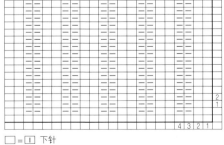

□ = | 下针
□ = 上针

领子
（双罗纹针，双层）

8号棒针

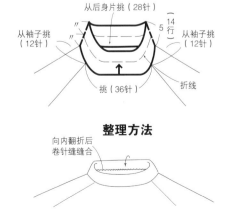

整理方法

向内翻折后卷针缝缝合

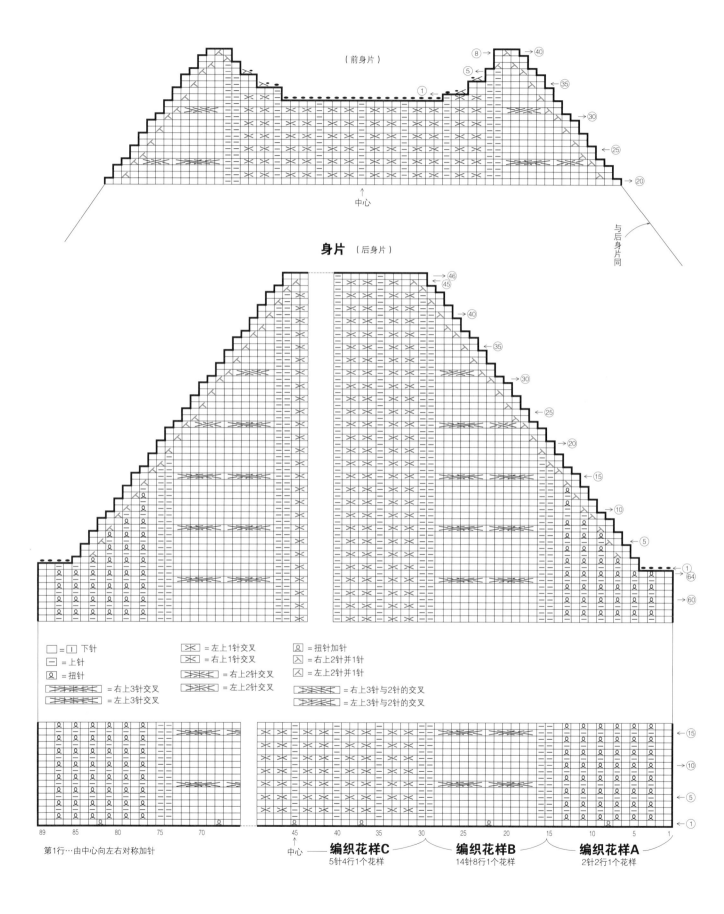

（前身片）

↑
中心

身片 （后身片）

= 1 下针
= 上针
= 扭针
= 右上3针交叉
= 左上3针交叉

= 左上1针交叉
= 右上1针交叉
= 右上2针交叉
= 左上2针交叉

= 扭针加针
= 左上2针并1针
= 左上2针并1针

= 右上3针与2针的交叉
= 左上3针与2针的交叉

第1行…由中心向左右对称加针

↑
中心

编织花样C
5针4行1个花样

编织花样B
14针8行1个花样

编织花样A
2针2行1个花样

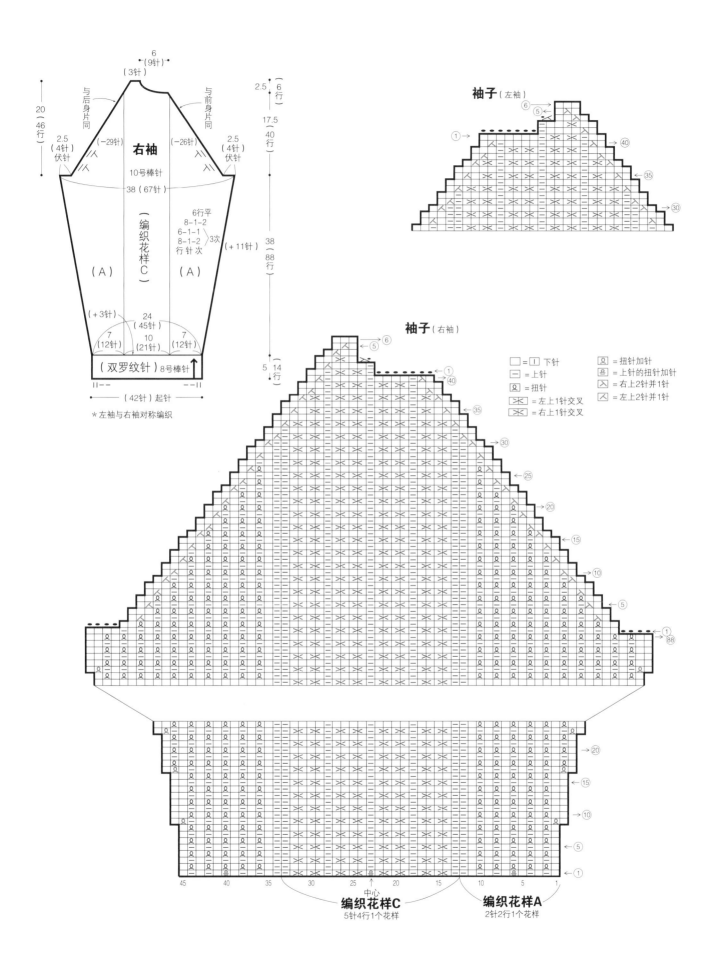

袖子（左袖）

右袖

10号棒针

38（67针）

（编织花样C）

（A）

（A）

6行平
8-1-2
6-1-1
8-1-2
行针次

（+11针）

6
（9针）
（3针）

2.5
（4针）
伏针

（-29针）

（-26针）

2.5
（4针）
伏针

与后身片同

与前身片同

20
（46行）

2.5
（6行）

17.5
40行

38
（88行）

5
14行

（+3针）

24
（45针）

7
（12针）

10
（21针）

7
（12针）

（双罗纹针）8号棒针

（42针）起针

＊左袖与右袖对称编织

袖子（右袖）

□ = 1 下针
— = 上针
Ω = 扭针
= 左上1针交叉
= 右上1针交叉

= 扭针加针
= 上针的扭针加针
= 右上2针并1针
= 左上2针并1针

中心
编织花样C
5针4行1个花样

编织花样A
2针2行1个花样

- 47 -

水滴花样的帽子

照片 **P.10**

材料和工具

Hamanaka Sonomono Alpaca Wool（中粗）原色（61）／100g

4根棒针 8号、6号

成品尺寸

头围54cm、帽深20.5cm

编织密度

10cm×10cm面积内：编织花样 26.5针，27行

编织要领

● 手指挂线起针起126针，环形编织，织38行单罗纹针。

● 换针号，一边在第1行加18针一边编织35行编织花样，帽顶一边分散减针一边编织4行上针。

● 在剩下的18个针目里穿2圈线后拉紧。

● 制作毛绒球，缝在帽顶。

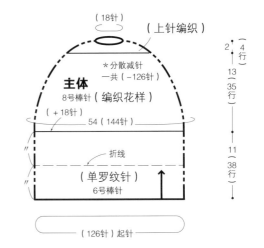

（18针） （上针编织）

主体
8号棒针（编织花样）

*分散减针
一共（−126针）

（+18针）

54（144针）

折线

（单罗纹针）
6号棒针

2（4行）

13（35行）

11（38行）

（126针）起针

毛绒球

8.5

毛绒球的制作方法

厚纸 绕150次 9cm

中间扎紧，
两端剪断，
然后修剪形状

完成图

制作毛绒球
后缝好

主体

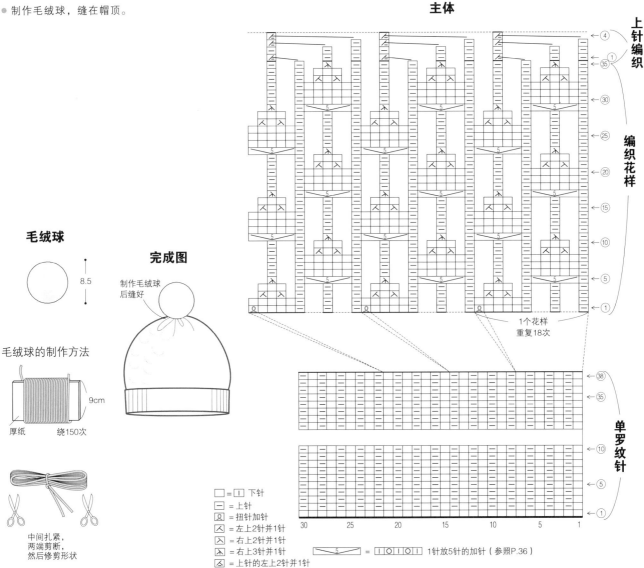

上针编织

编织花样

单罗纹针

1个花样
重复18次

□=|I| 下针

— = 上针

ℚ = 扭针加针

⋌ = 左上2针并1针

⋋ = 右上2针并1针

⋌ = 右上3针并1针

⋋ = 上针的左上2针并1针

5 = |I|O|I|O|I| 1针放5针的加针（参照P.36）

30 25 20 15 10 5 1

-48-

蕾丝花样的围巾

照片 **P.11**

材料和工具

RichMore CASHMERE 原色（101）/ 126g

2根棒针 8号

成品尺寸

宽30cm、长166cm

编织密度

10cm×10cm面积内：编织花样 20针，28.5行

编织要领

● 手指挂线起针起60针，织4行编织花样A。

● 接下来，按图解加1针并排列编织花样B和起伏针，织465行。

● 再减1针织4行编织花样A。编织结束时做伏针收针。

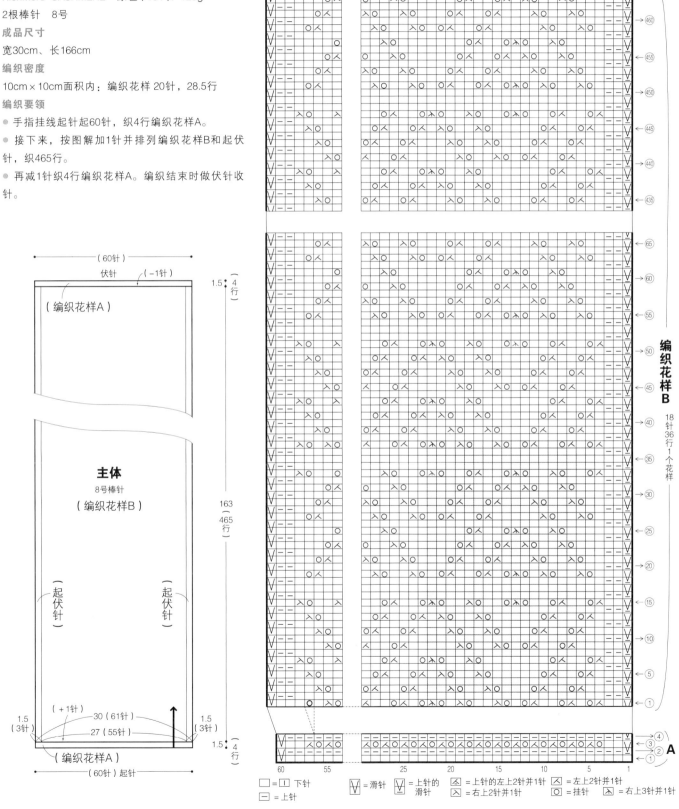

下针 = 滑针 = 上针的滑针 = 上针的左上2针并1针 = 左上2针并1针

= 上针 = 右上2针并1针 = 挂针 = 右上3针并1针

五彩连指手套

照片 **P.12**

材料和工具

Jamieson's Shetland Spindrift 白色（104）／22g，深灰色（123）／14g，红色（500）、芥末色（390）／各5g，蓝色（168）／4g，茶色（880）／3g，绿色（790）／2g

5根短棒针 3号、2号

成品尺寸

掌围21cm、长26.5cm

编织密度

10cm×10cm面积内：配色花样 30.5针，35行

编织要领

● 手指挂线起针起64针，环形编织，织8行双罗纹针条纹花样。

● 换针号，横向渡线编织配色花样。在拇指位置加入另线织下针，再将另线针目移到左棒针上，在另线上继续编织后面的花样（右手和左手编织时要改变拇指位置）。

● 主体的指尖部分参照图解减针，在剩下的8个针目里穿2圈线后拉紧。

● 拇指部位分为上下针目，用2根棒针挑取针目后拆掉另线。接线，从两端针目与针目之间的横线里也各挑出1针，共24针，环形编织配色花样。指尖按图解减针，在剩下的针目里穿2圈线后拉紧。

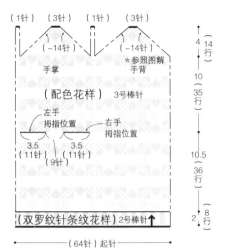

拇指

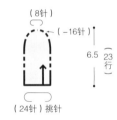

配色花样（拇指）

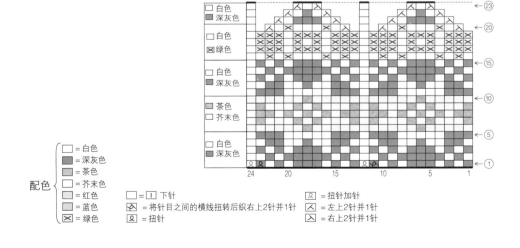

主体
配色花样

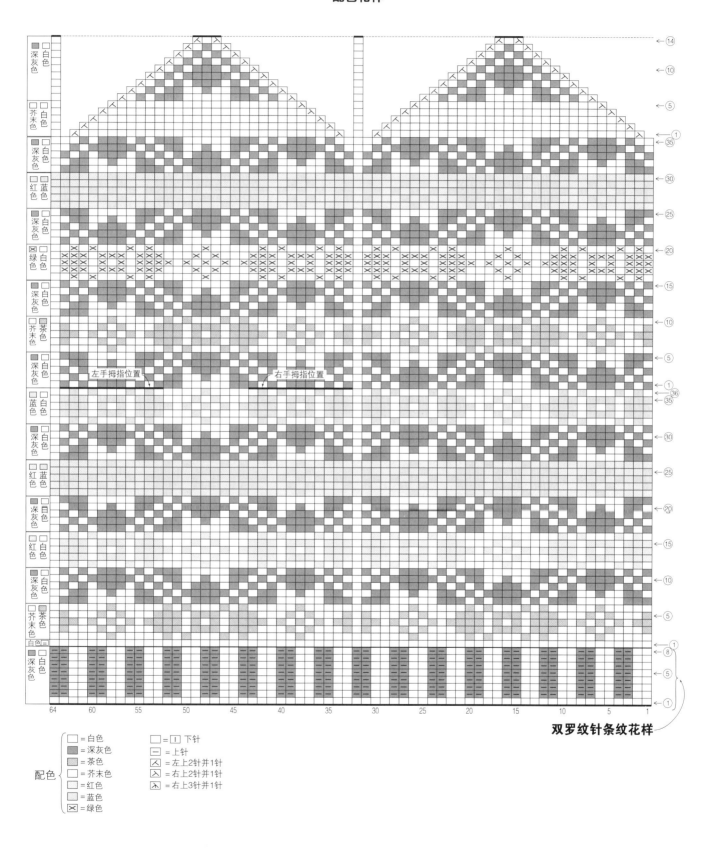

双罗纹针条纹花样

配色 {
= 白色
= 深灰色
= 茶色
= 芥末色
= 红色
= 蓝色
= 绿色

= 下针
= 上针
= 左上2针并1针
= 右上2针并1针
= 右上3针并1针

圆育克斗篷

照片 P.13

材料和工具

Puppy BRITISH EROIKA 深蓝色（101）／198g、原色
（134）／45g、淡黄色（191）／20g、青绿色（184）／5g

环形针（80cm） 10号、9号、7号

环形针（60cm） 10号、7号

成品尺寸

下摆围132cm、长38.5cm

编织密度

10cm×10cm面积内：配色花样，16针，21.5行；
编织下针 16针，22行

编织要领

● 手指挂线起针起212针，环形编织，织14行双罗
纹针。

● 接着参照图解一边分散减针一边编织下针和配色
花样，通过更换针的号数调整密度。编织至领窝附
近，减针越来越多，不方便编织时，换成60cm的
环形针继续编织。编织结束时做伏针收针。

● 领子挑取针目后，环形编织12行双罗纹针。编织
结束时，做下针织下针、上针织上针的伏针收针。
向内翻折后卷针缝缝合。

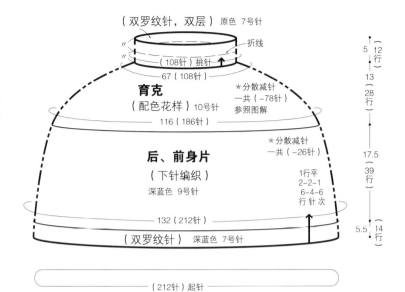

（双罗纹针，双层）原色 7号针

折线

（108针）挑针

67（108针）

育克

（配色花样）10号针

＊分散减针
一共（-78针）
参照图解

116（186针）

后、前身片

（下针编织）

深蓝色 9号针

＊分散减针
一共（-26针）

1行平
2-2-1
6-4-6
行针次

132（212针）

（双罗纹针）深蓝色 7号针

（212针）起针

5｜12
↓行

13
（28
行）

17.5
（39
行）

5.5｜14
↓行

□ = 1 下针
⋏ = 左上2针并1针
⋏ = 右上2针并1针

配色 {
□ = 原色
■ = 青绿色
□ = 淡黄色
■ = 深蓝色
}

双罗纹针

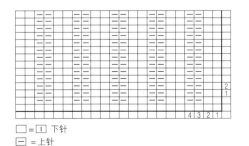

□ = 1 下针

□ = 上针

下针和分散减针的编织方法

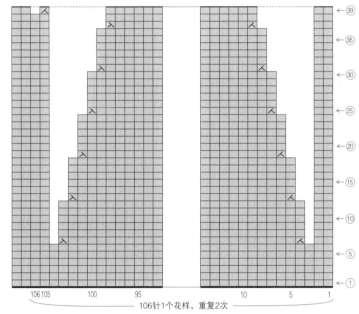

106针1个花样，重复2次

配色花样和分散减针的编织方法

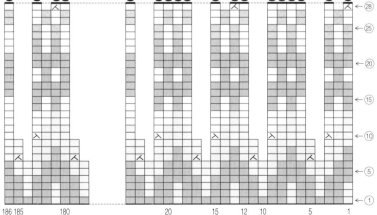

12针1个花样

麻花花样的帽子

照片 P.16

材料和工具

RichMore Camel tweed 灰色(2)/ 65g

4根棒针 11号、9号

成品尺寸

头围52cm、帽深20cm

编织密度

10cm×10cm面积内：编织花样 18.5针，26行

编织要领

※用2股线编织。

● 手指挂线起针起88针，环形编织，织10行扭针的双罗纹针。

● 换针号，在第1行加8针，接着一边分散减针一边织42行编织花样。

● 在剩下的20个针目里穿2圈线后拉紧。

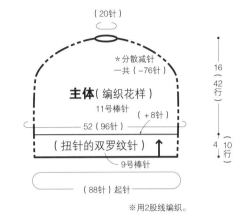

(20针)

*分散减针
一共 (−76针)

主体(编织花样)

11号棒针

(+ 8针)

52 (96针)

(扭针的双罗纹针)

9号棒针

(88针) 起针

16
(42
行)

4 (10
行)

※用2股线编织。

主体

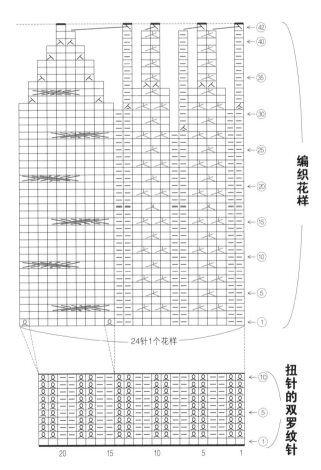

□ = 1 下针

─ = 上针

Ω = 扭针

Ω = 扭针加针

= 交叉罗纹针 (参照P.38)
①像织左上2针并1针那样将棒针插入2个针目里。
②挂线拉出，不要将针目从棒针上取下。
③紧接着在第1针里插入棒针织1针下针，将第2
针从左棒针上取下。

= 左上3针与4针的交叉

= 右上3针与4针的交叉

= 右上3针交叉

= 上针的左上2针并1针

= 右上2针并1针

= 左上2针并1针

24针1个花样

编织花样

扭针的双罗纹针

小鸟刺绣连指手套

照片 **P.14**

材料和工具

Jamieson's Shetland Spindrift 茶色（880）/30g，原色（120）/2g，绿色（790）、深绿色（800）、深橘色（470）、淡蓝色（655）、红色（500）、灰米色（375）、天蓝色（750）/各少量

5根短棒针 3号、2号

成品尺寸

掌围21cm、长19.5cm

编织密度

10cm×10cm面积内：编织下针 26.5针，43行

编织要领

● 手指挂线起针起55针，环形编织，织18行条纹花样。

● 换针号，接着加1针用茶色线织下针。在拇指位置加入另线织下针，再将另线针目移到左棒针上，在另线上继续编织后面的花样（右手和左手编织时要改变拇指位置）。

● 主体的指尖部分参照图解减针，在剩下的针目里穿2圈线后拉紧。

● 拇指部位分为上下针目，用2根棒针挑取针目后拆掉另线。接线，从两端针目与针目之间的横线里也各挑出1针，共22针，环形编织下针。指尖按图解减针，在剩下的针目里穿2圈线后拉紧。

主体

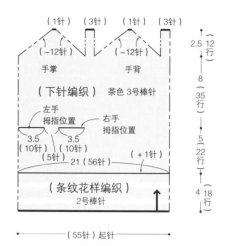

拇指

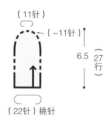

下针编织（拇指）

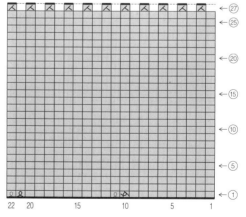

□ = □ 下针　　　∧ = 将针目之间的横线扭转后织右上2针并1针

∧ = 左上2针并1针　　　Q = 扭针

Q = 扭针加针

主体
下针编织

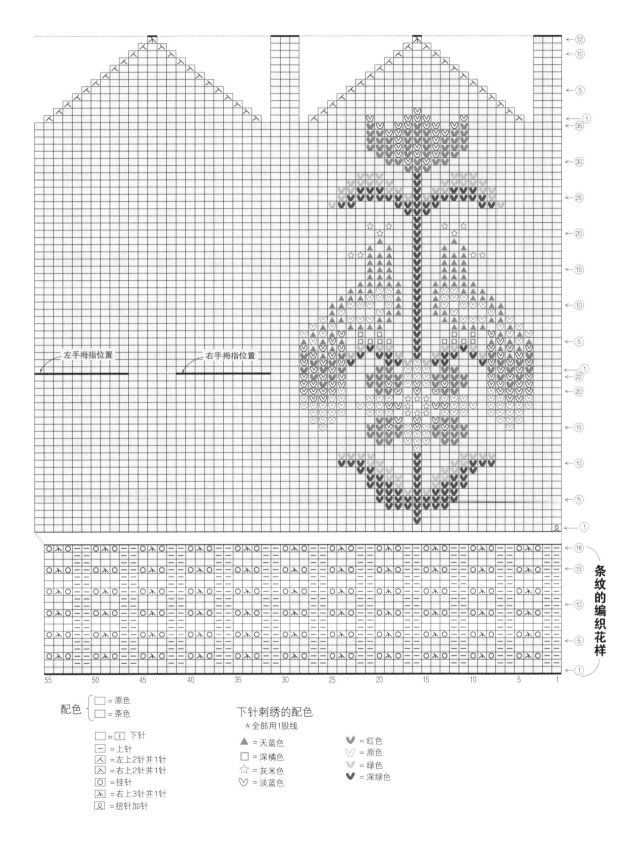

左手拇指位置

右手拇指位置

条纹的编织花样

配色 { □ = 原色 / □ = 茶色 }

下针刺绣的配色
＊全部用1股线

□ = 1 下针
－ = 上针
⋏ = 左上2针并1针
⋌ = 右上2针并1针
○ = 挂针
⋏ = 右上3针并1针
⅋ = 扭针加针

▲ = 天蓝色
□ = 深橘色
☆ = 灰米色
♡ = 淡蓝色

♥ = 红色
♡ = 原色
♥ = 绿色
♥ = 深绿色

黄色尖顶帽

照片 **P.15**

材料和工具

Puppy SHETLAND 黄色（54）/ 95g

4根棒针 6号、4号

成品尺寸

头围50cm、帽深21.5cm

编织密度

10cm×10cm面积内：编织花样B 27针，32行

编织要领

● 手指挂线起针起126针，环形编织，织4行单罗纹针。

● 换针号，一边在第1行加9针一边织20行编织花样A，将织物翻到反面（参照P.37），一边分散减针一边织68行编织花样B。

● 在剩下的24个针目里穿2圈线后拉紧。

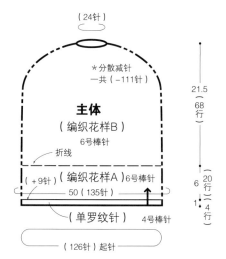

（24针）

*分散减针
一共（-111针）

主体
（编织花样B）
6号棒针

折线

（+9针）（编织花样A）6号棒针

50（135针）

（单罗纹针）4号棒针

（126针）起针

21.5
（68
行）

6（20
行）

1（4
行）

完成图

☐ = ☐ 下针

— = 上针

Ⓡ = 扭针加针

⧓ = 左上1针交叉

⧓ = 右上1针交叉

Ⓡ = 扭针

= 左上2针与4针的交叉

= 右上2针与4针的交叉

= 右上2针与1针的交叉（下方为上针）

= 左上2针与1针的交叉（下方为上针）

= 右上3针与2针的交叉

= 左上3针与2针的交叉

⋏ = 右上2针并1针

⋏ = 左上2针并1针

⋏ = 上针的右上2针并1针

⋏ = 上针的左上2针并1针

⋏ = 右上3针并1针

= 右上2针交叉

= 左上2针交叉

= 右上2针与1针的交叉

= 左上2针与1针的交叉

主体

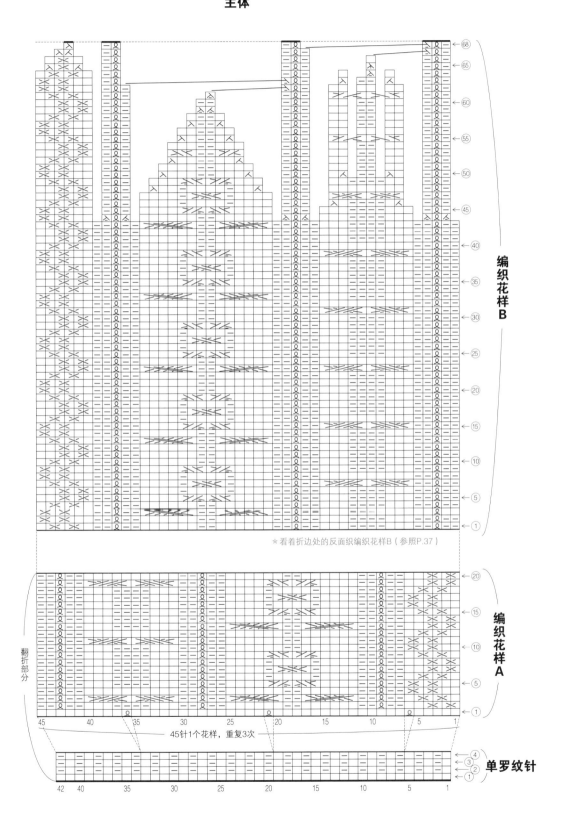

编织花样B

＊看着折边处的反面织编织花样B（参照P.37）

编织花样A

翻折部分

45针1个花样，重复3次

单罗纹针

编织花样的短袜

照片 **P.17**

材料和工具

Hamanaka Aran Tweed　浅驼色(2) / 95g

5根短棒针　7号、6号

成品尺寸

袜底长22.5cm、脚围22cm、袜筒长18cm

编织密度

10cm×10cm面积内：编织花样A、下针 22针，29行

编织要领

● 手指挂线起针起48针，环形编织，织10行双罗纹针为袜口。

● 换针号，无须加减针织30行编织花样A后将线剪断。在指定位置接线，按编织花样B往返编织16行作为袜跟。接着参照图解按编织花样B编织袜跟的底部（袜跟、袜跟底部的编织方法参照P.38）。

● 一边从袜跟的行上挑取针目一边环形编织袜底、袜面。

● 袜头参照图解一边减针一边编织，最后在剩下的8个针目里穿线后拉紧。

主体

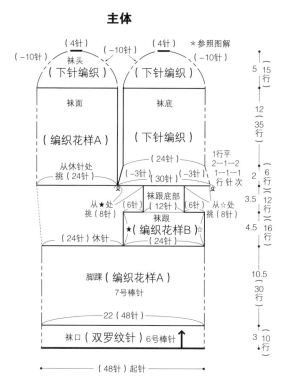

主体　袜头

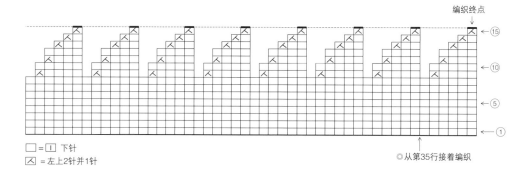

□ = ① 下针

人 = 左上2针并1针

◎ 从第35行接着编织

主体

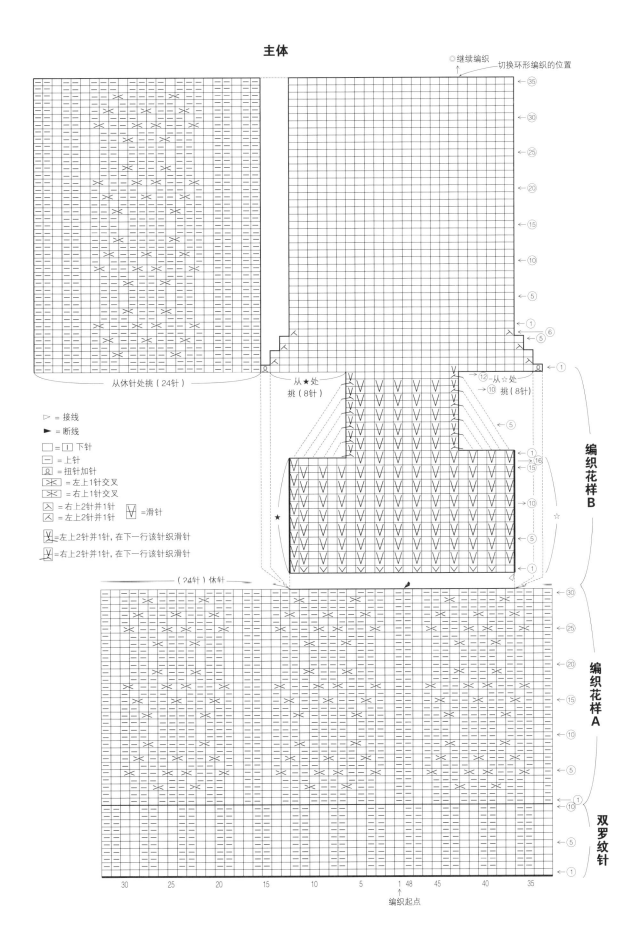

◎继续编织
切换环形编织的位置

从休针处挑（24针）

从★处
挑（8针）

12-从☆处
10 挑（8针）

▷ = 接线
► = 断线

□ = ① 下针
— = 上针
⊘ = 扭针加针
⟩✕ = 左上1针交叉
✕⟨ = 右上1针交叉
⟩ = 右上2针并1针   ∨ =滑针
⟨ = 左上2针并1针

⟩ =左上2针并1针，在下一行该针织滑针

⟨ =右上2针并1针，在下一行该针织滑针

（24针）休针

编织花样B

编织花样A

双罗纹针

编织起点

- 59 -

水珠花样的披肩

照片 P.20-21

材料和工具

Puppy Soft Donegal　原色（5207）/ 360g

环形针（80cm）　10号、8号

成品尺寸

宽116cm、长45.5cm

编织密度

10cm×10cm面积内：编织花样 20.5针，23.5行

编织要领

※使用环形针进行往返编织。

● 手指挂线起针起212针，按图解排列编织花样A和双罗纹针，织12行。

● 接下来在第1行加23针，按图解排列编织花样A、B，织82行。在第82行减23针。

● 与编织起点一样编织。编织结束时做伏针收针。

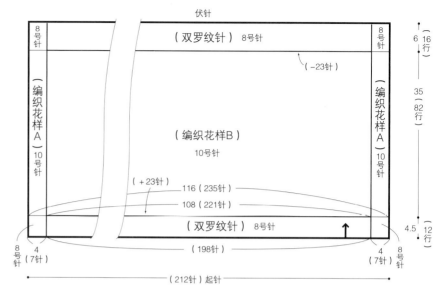

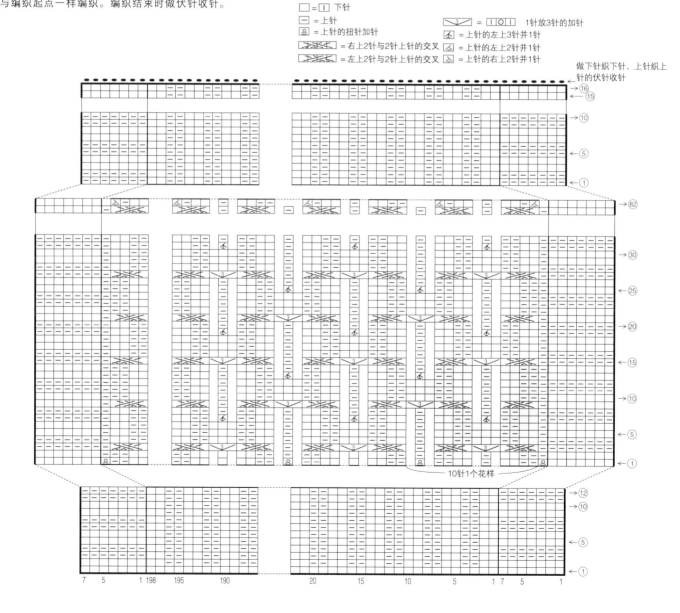

费尔岛花样的帽子

照片 P.18-19

材料和工具

Jamieson's Shetland Spindrift　线的色号与使用量参照表格

4根棒针　3号、2号

成品尺寸

头围59cm、帽深20cm

编织密度

10cm×10cm面积内：配色花样 30.5针，35行

编织要领

● 手指挂线起针起160针，环形编织，织14行双罗纹针。

● 换针号，一边在第1行加20针一边横向渡线编织44行配色花样。然后一边分散减针一边织15行下针。

● 在剩下的36个针目里穿2圈线后拉紧。

● 制作毛绒球，缝在帽顶。

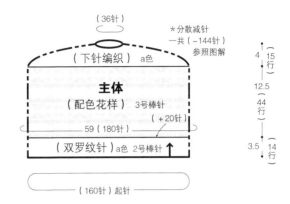

（36针）

*分散减针
一共（-144针）
参照图解

（下针编织）a色

4（15行）

主体
（配色花样）3号棒针

12.5（44行）

（+20针）

59（180针）

（双罗纹针）a色 2号棒针

3.5（14行）

（160针）起针

完成图

制作毛绒球
后缝好

毛绒球　a色

5

毛绒球的制作方法

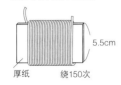

5.5cm

厚纸　绕150次

中间扎紧，
两端剪断，
然后修剪形状

棕色（P.19）
1的配色和使用量

	颜色	使用量
a色·□	原色（120）	25g
■	茶色（880）	17g
□	黄色（410）	6g
□	浅灰色（103）	3g
⊠	橘黄色（470）	2g
□	绿色（790）	1g

红色（P.18上）
3的配色和使用量

	颜色	使用量
a色·□	红色（500）	30g
□	藏青色（710）	14g
□	原色（120）	5g
□	浅蓝色（655）	3g

灰色（P.18中）
2的配色和使用量

	颜色	使用量
a色·□	浅灰色（103）	23g
□	藏青色（710）	10g
□	灰色（315）	9g
●	红色（500）	5g
□	原色（120）	4g
□	水色（655）	4g
□	绿色（792）	3g
▣	黄色（390）	1g

白色（P.18下）
4的配色和使用量

	颜色	使用量
a色·□	原色（120）	25g
■	深棕色（868）	9g
□	浅灰色（103）	9g
□	绿色（790）	5g
□	黄色（390）	4g

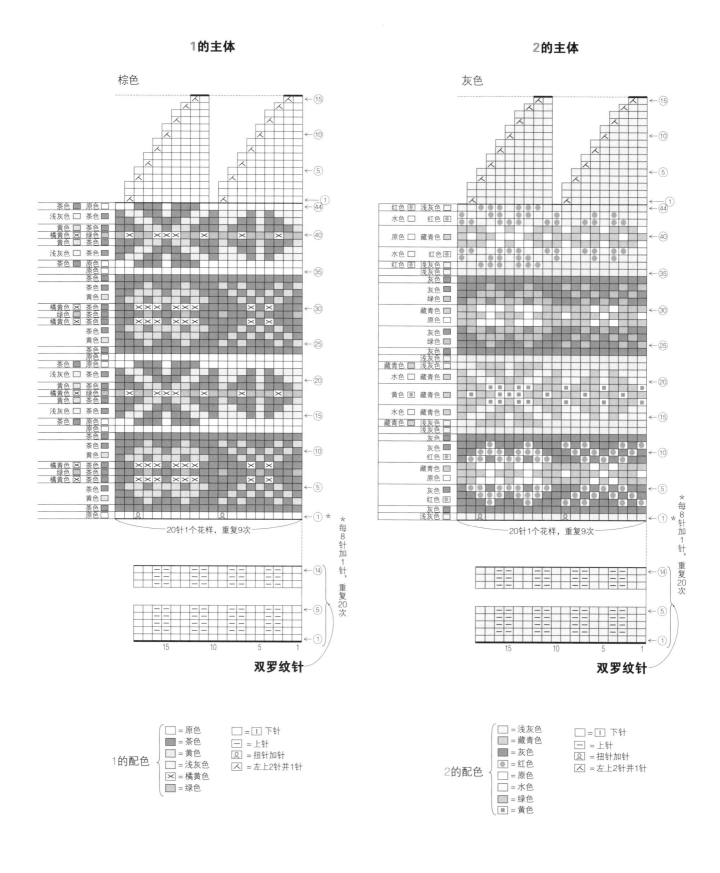

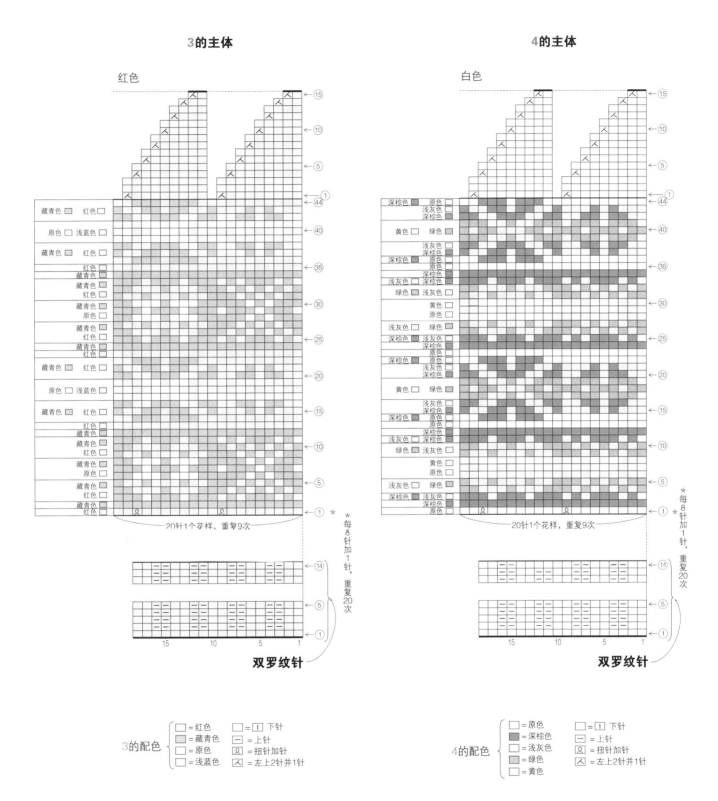

3的主体

红色

藏青色 □ 红色 □
原色 □ 浅蓝色 □
藏青色 □ 红色 □
红色 □
藏青色 □
藏青色 □
红色 □
藏青色 □
原色 □
藏青色 □
藏青色 □
红色 □
藏青色 □ 红色 □
原色 □ 浅蓝色 □
藏青色 □ 红色 □
红色 □
藏青色 □
藏青色 □
红色 □
藏青色 □
原色 □
藏青色 □
红色 □
藏青色 □
红色 □

20针1个芘样，重复9次

双罗纹针

3的配色 { □=红色 □=藏青色 □=原色 □=浅蓝色 } { □=□ 下针 —=上针 ✗=扭针加针 ✗=左上2针并1针 }

4的主体

白色

深棕色 □ 原色 □
浅灰色 □
深棕色 □
黄色 □ 绿色 □
浅灰色 □
深棕色 □
深棕色 □ 原色 □
浅灰色 □ 深棕色 □
绿色 □ 浅灰色 □
黄色 □
原色 □
浅灰色 □ 绿色 □
深棕色 □ 浅灰色 □
深棕色 □
深棕色 □ 原色 □
浅灰色 □ 深棕色 □
黄色 □ 绿色 □
浅灰色 □
深棕色 □ 原色 □
浅灰色 □
深棕色 □
绿色 □ 黄色 □
原色 □
浅灰色 □ 绿色 □
深棕色 □ 深棕色 □
原色 □

20针1个花样，重复9次

双罗纹针

4的配色 { □=原色 □=深棕色 □=浅灰色 □=绿色 □=黄色 } { □=□ 下针 —=上针 ✗=扭针加针 ✗=左上2针并1针 }

每8针加1针，重复20次

每8针加1针，重复20次

- 63 -

菱形花样的短袜

照片 P.22-23

※设定A为双色(P.22)、B为多色(P.23)

材料和工具

RichMore PERCENT　A：浅驼色（105）/56g、灰色（97）/40g；B：咖啡色（100）/53g、深棕色（89）/18g、绿色（107）/15g、黄色（6）/9g、原色（120）/7g

5根短棒针　5号、4号

成品尺寸

袜底长22cm、脚围23cm、袜筒长23cm

编织密度

10cm×10cm面积内：配色花样A 26针，27.5行

编织要领

● 手指挂线起针起60针，环形编织，织9行双罗纹针作为袜口。

● 换针号，无须加减针织46行配色花样A后将线剪断。在指定位置接线，按编织花样往返编织18行作为袜跟。接着参照图解按编织花样编织袜跟的底部。

● 从袜跟的行端袜筒的休针处挑取针目，分别按配色花样B和配色花样A环形编织袜底和袜面。

● 袜头参照图解一边减针一边按编织花样编织，剩下的针目用下针无缝缝合法缝合。

主体

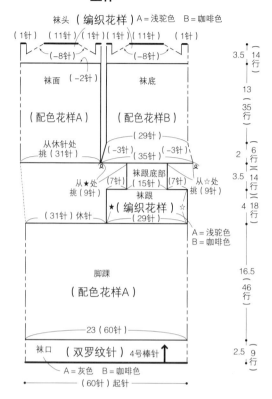

袜头（编织花样）A=浅驼色　B=咖啡色

（1针）（11针）（1针）（1针）（11针）（1针）
（-8针）　　　　　（-8针）

袜面（-2针）　　　袜底

（配色花样A）　　（配色花样B）

从休针处挑（31针）

（29针）

（-3针）（35针）（-3针）

从★处挑（9针）　袜跟底部（15针）　从☆处挑（9针）

（7针）　（7针）

袜跟

★（编织花样）☆
（29针）

A=浅驼色
B=咖啡色

（31针）休针

3.5 (14行)

13 (35行)

2 (6行)

3.5 (14行)

4 (18行)

脚踝

（配色花样A）

16.5 (46行)

23（60针）

袜口（双罗纹针）4号棒针

A=灰色　B=咖啡色

（60针）起针

2.5 (9行)

※除特别指定外全部用5号棒针编织。

主体

▷ =接线
► =断线

编织终点

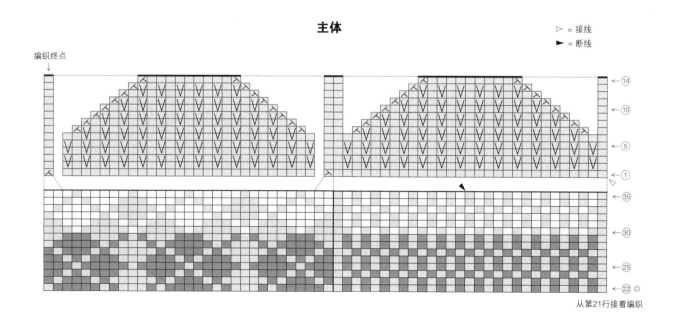

从第21行接着编织

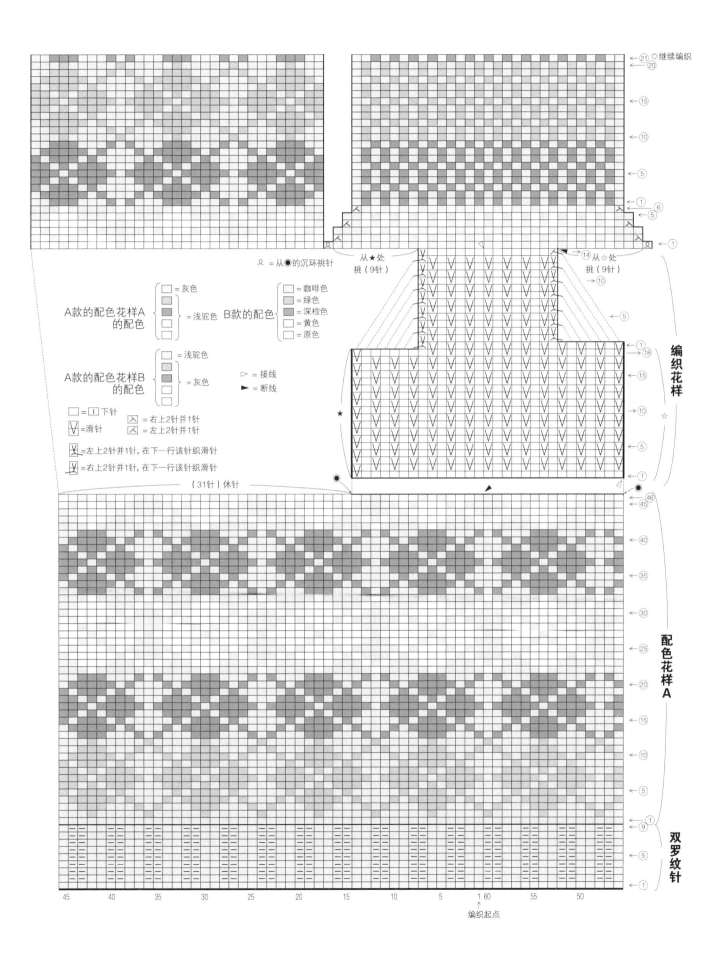

ᛩ = 从●的沉环挑针

从★处
挑（9针）

从☆处
挑（9针）

⊿ = 接线
► = 断线

= 灰色
= 浅驼色

A款的配色花样A
的配色

B款的配色

= 咖啡色
= 绿色
= 深棕色
= 黄色
= 原色

A款的配色花样B
的配色

= 浅驼色
= 灰色

□ = ☐下针
Ⅴ = 滑针
⊠ = 右上2针并1针
⊠ = 左上2针并1针

Ⅴ = 左上2针并1针，在下一行该针织滑针
Ⅴ = 右上2针并1针，在下一行该针织滑针

（31针）休针

编织花样

配色花样A

双罗纹针

编织起点

21 ◎继续编织
20

继续编织

- 65 -

多种穿法的斗篷

照片 **P.24-25**

材料和工具

Hamanaka Sonomono Alpaca Wool 咖啡色(43)/
430g

直径为23mm的纽扣 3颗

环形针(80cm) 10号、9号、8号

成品尺寸

下摆围99.5cm、长28cm(不包括领子)

编织密度

10cm×10cm面积内：编织花样A 24针，24行；编织
花样B 14针，24行

5cm×10cm面积内：编织花样12针，24行

编织要领

※主体使用环形针往返编织，领子环形编织。

● 手指挂线起针起189针，织4行变化的罗纹针。

● 接下来换针号，一边在第1行加针一边按图解排
列编织花样A、B、C。

● 在主体的第63行减针，编织结束时做伏针收针。

● 从前端挑取针目，织双罗纹针作前门襟。在右前
门襟留扣眼，编织结束时做伏针收针。

● 领子看着主体的正面挑针，一边调整密度一边织
变化的罗纹针。编织结束时，做下针织下针、上针
织上针的伏针收针。

● 缝上纽扣。

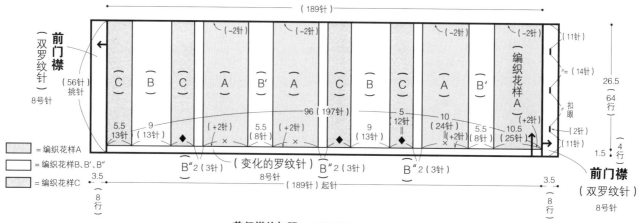

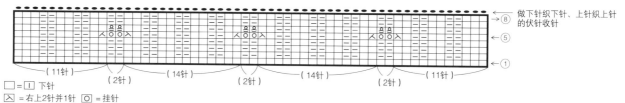

前门襟的扣眼（右前门襟）

□=〔|〕下针
⊠=右上2针并1针 ⊡=挂针
⊠=左上2针并1针 ⊠=上针的扭针

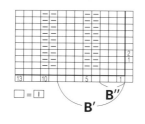

变化的罗纹针

□=〔|〕

编织花样B

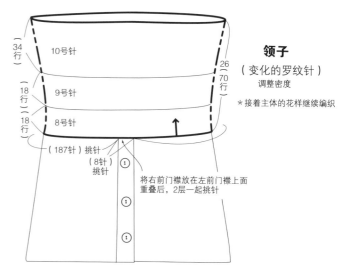

领子
（变化的罗纹针）
调整密度

*接着主体的花样继续编织

主体

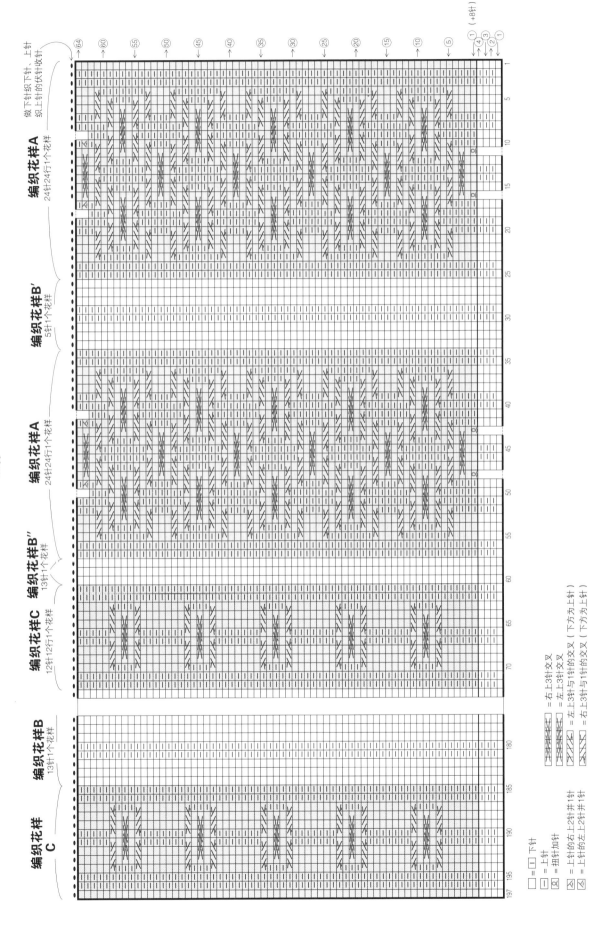

小狐狸围巾

照片 P.26-27

材料和工具

RichMore spectre modem 红褐色（54）/105g、灰色
（48）/14g、浅杏色（2）/5g

4根短棒针 8号，如有条件可用8号小环形针织主
体部分

成品尺寸

宽9.5cm、长84.5cm（不包括前、后腿）

编织密度

10cm×10cm面积内：编织花样22针，26.5行；编
织下针20针，26.5行

编织要领

- 另线锁针起针起40针，环形编织下针和编织花样。
- 在前腿加入另线织下针，再将另线针目移到左棒
针上，在另线上继续编织下针至152行。（身体部分
编织结束后再处理线头会比较困难，所以，换线的
时候，最好织几行后就把线头处理好再继续编织。）
- 接着按下针编织和横向渡线的配色花样编织脸部。
中途留出9针的返口以便后面处理线头（参照P.40）。
如果使用小环形针，在减针位置开始换成4根棒针
编织。最后在剩下的针目里穿2圈线后拉紧。
- 一边拆开起针的另线锁针，一边挑取针目。在后
腿加入另线织下针，然后编织尾巴。与脸部一样留
出返口以便后面处理线头。最后在剩下的针目里穿
2圈线后拉紧。
- 前、后腿部位分为上下针目，用2根棒针挑取针
目后拆掉另线。接线，从两端针目与针目之间的横
线里也各挑出1针，共16针，环形编织下针。在剩
下的针目里穿2圈线后拉紧。
- 耳朵和绳带用手指挂线起针后按图解编织。
- 参照组合图示缝合各部分。

□ = ① 下针
Ω = 扭针加针
人 = 左上2针并1针

配色 ┌ □ = 红褐色
　　 │ ▨ = 灰色
　　 └ □ = 浅杏色

主体

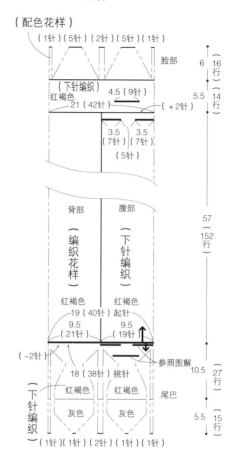

前、后腿 4条

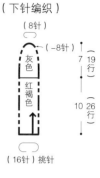

耳朵 2只

绳带（上针编织）

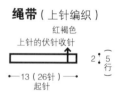

尾巴

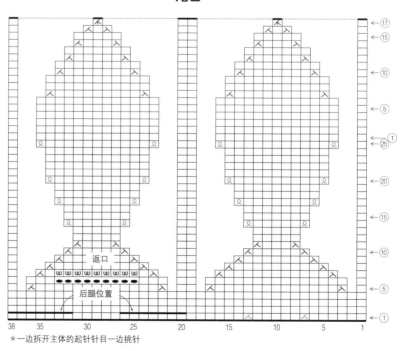

38　35　　30　　25　　20　　15　　10　　5　　1

*一边拆开主体的起针针目一边挑针

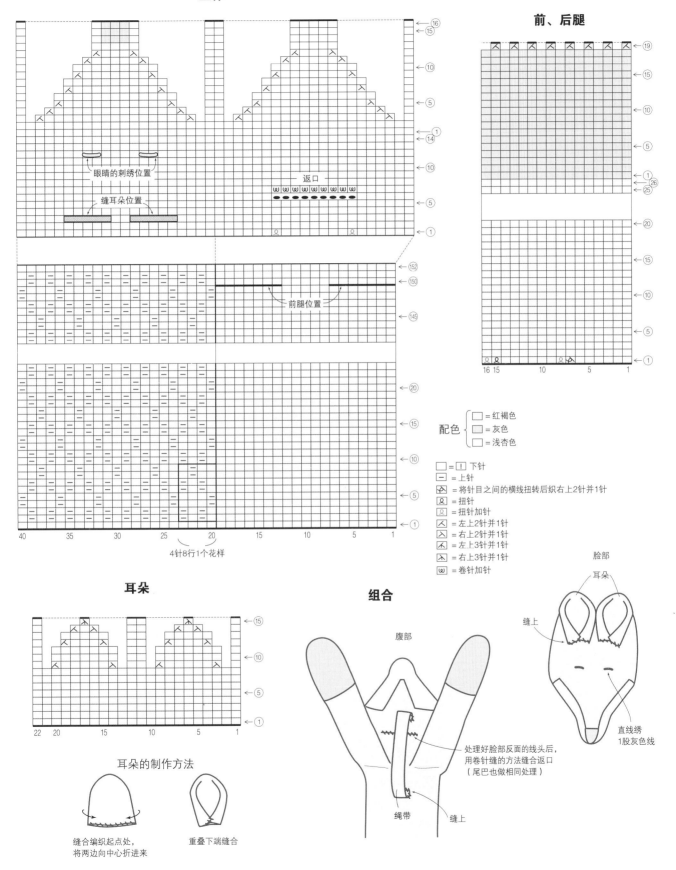

主体

前、后腿

眼睛的刺绣位置

缝耳朵位置

返口

前腿位置

4针8行1个花样

配色 { □=红褐色
□=灰色
□=浅杏色 }

□=〔丨〕下针
─=上针
⋈=将针目之间的横线扭转后织右上2针并1针
ㅿ=扭针
ㅿ=扭针加针
ㅅ=左上2针并1针
ㅅ=右上2针并1针
ㅅ=左上3针并1针
ㅅ=右上3针并1针
ω=卷针加针

耳朵

组合

脸部

耳朵

腹部

缝上

处理好脸部反面的线头后，
用卷针缝的方法缝合返口
（尾巴也做相同处理）

直线绣
1股灰色线

耳朵的制作方法

缝合编织起点处，
将两边向中心折进来

重叠下端缝合

绳带

缝上

配色编织的儿童帽子

照片 **P.28**

材料和工具

RichMore PERCENT 灰蓝色（24）/47g、浅驼色
（98）/27g

4根棒针 5号、4号

成品尺寸

头围47cm、帽深19.5cm

编织密度

10cm×10cm面积内：配色花样 27针，28.5行

编织要领

● 手指挂线起针起128针，环形编织，织35行双罗
纹针条纹花样。

● 换针号，一边分散减针一边横向渡线编织42行配
色花样。

● 在剩下的16个针目里穿2圈线后拉紧。

● 用2股灰蓝色线和1股浅驼色线共3股线制作毛绒
球，缝在帽顶。

主体

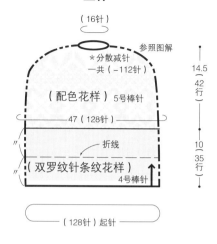

（16针）

参照图解

*分散减针
一共（−112针）

（配色花样）5号棒针

14.5
（42
行）

47（128针）

折线

（双罗纹针条纹花样）

4号棒针

10
（35
行）

（128针）起针

主体

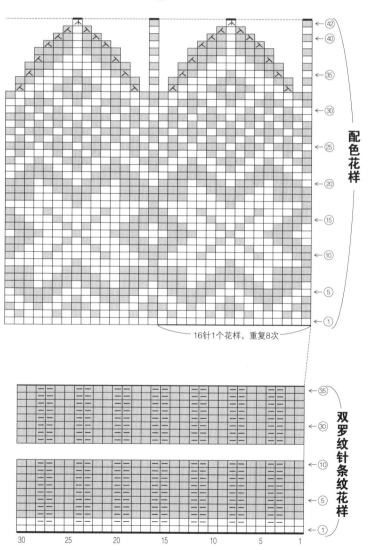

配色花样

16针1个花样，重复8次

双罗纹针条纹花样

毛绒球

8

完成图

制作毛绒球
后缝好

毛绒球的制作方法

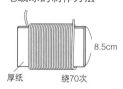

8.5cm

厚纸 绕70次

用2股灰蓝色线和1股浅驼色线
共3股线绕70次

中间扎紧，
两端剪断，
然后修剪形状

配色 { □ =浅驼色
　　　 ▨ =灰蓝色

□ = [1] 下针
⊟ = 上针
⋏ = 左上2针并1针
⋌ = 右上2针并1针
⋀ = 中上3针并1针

配色编织的儿童露指手套

照片 **P.28**

材料和工具

RichMore PERCENT 浅驼色（98）/ 23g、灰蓝色（24）/ 11g

5根短棒针 4号、3号

成品尺寸

掌围14cm、长14cm

编织密度

10cm×10cm面积内：配色花样 28针，34.5行

编织要领

● 手指挂线起针起36针，环形编织，织36行双罗纹针条纹花样。

● 换针号，在第1行加4针，横向渡线编织配色花样。

● 在拇指位置加入另线织下针，再将另线针目移到左棒针上，在另线上继续编织后面的花样（右手和左手编织时要改变拇指位置）。

● 换针号，织4行双罗纹针条纹花样，做伏针收针。

● 拇指部位分为上下针目，用2根棒针挑取针目后拆掉另线。接线，从两端针目与针目之间的横线里也各挑出1针，共20针，环形编织7行双罗纹针条纹花样后做伏针收针。

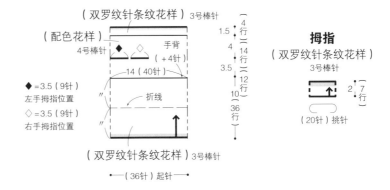

主体

（双罗纹针条纹花样）3号棒针
（配色花样）
4号棒针　手背（+4针）
14（40针）
◆=3.5（9针）左手拇指位置
◇=3.5（9针）右手拇指位置
折线
（双罗纹针条纹花样）3号棒针
（36针）起针

拇指
（双罗纹针条纹花样）
3号棒针
2（7行）
（20针）挑针

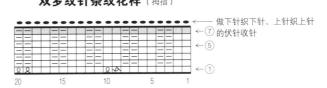

双罗纹针条纹花样（拇指）

做下针织下针、上针织上针的伏针收针

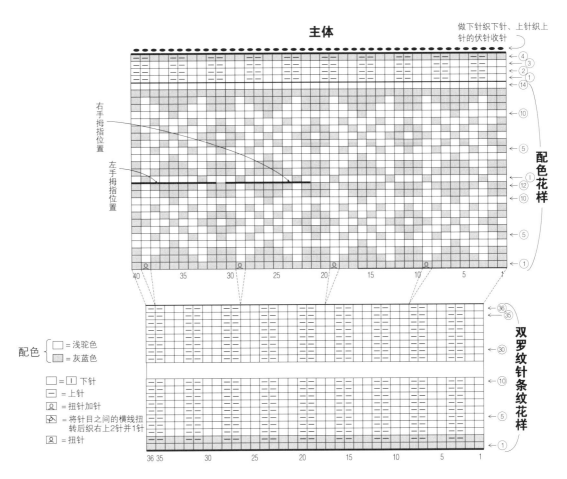

主体

做下针织下针、上针织上针的伏针收针

右手拇指位置
左手拇指位置

配色花样

双罗纹针条纹花样

配色 {
□ = 浅驼色
▨ = 灰蓝色
}

□ = ┃ 下针
－ = 上针
⚇ = 扭针加针
⬙ = 将针目之间的横线扭转后织右上2针并1针
⚇ = 扭针

小花连指手套

照片 P.29

材料和工具

Jamieson's Shetland Spindrift 浅灰色（127）/21g，
红色（500）、绿色（792）/各4g

5根短棒针 2号、1号

成品尺寸

掌围16cm、长19cm

编织密度

10cm×10cm面积内：配色花样 34针，38行

编织要领

● 手指挂线起针起48针，环形编织，织10行条纹的
编织花样。

● 换针号，织16行双罗纹针。接着一边在第1行加
6针一边横向渡线编织配色花样。在拇指位置加入
另线织下针，再将另线针目移到左棒针上，在另线
上继续编织后面的花样（右手和左手编织时要改变
拇指位置）。

● 主体的指尖部分参照图解减针，在剩下的6个针
目里穿2圈线后拉紧。

● 拇指部位分为上下针目，用2根棒针挑取针目后
拆掉另线。接线，从两端针目与针目之间的横线里
也各挑出1针，共20针，环形编织配色花样。指尖
按图解减针，在剩下的4个针目里穿2圈线后拉紧。

● 将主体的条纹编织花样向内翻折后卷针缝缝合，
注意使针脚从正面看不出来。

主体

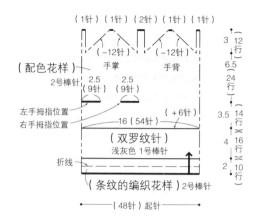

拇指

（配色花样）2号棒针

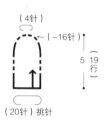

整理方法

在反面卷针缝缝合

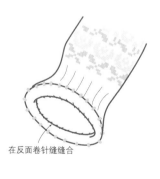

配色花样（拇指）

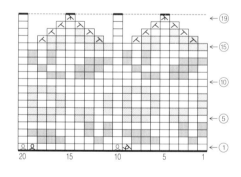

□ = □ 下针

─ = 上针

= 将针目之间的横线扭转后织右上2针并1针

Ω = 扭针

Ω = 扭针加针

⋌ = 左上2针并1针

⋋ = 右上2针并1针

⋌ = 右上3针并1针

配色 { □ = 浅灰色
       ▨ = 绿色
       □ = 红色 }

主体

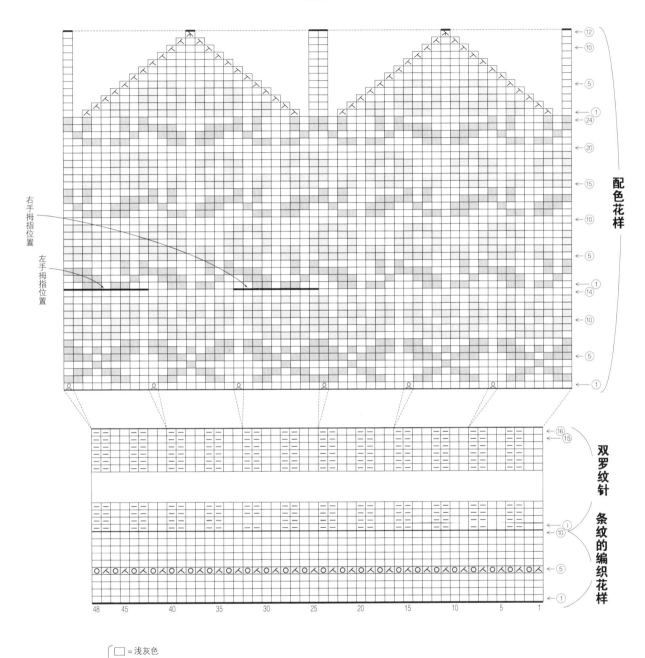

右手拇指位置

左手拇指位置

配色花样

双罗纹针

条纹的编织花样

48　45　40　35　30　25　20　15　10　5　1

配色
- □ = 浅灰色
- ▨ = 绿色
- ▤ = 红色

- □ = Ⅰ 下针
- — = 上针
- ⅄ = 扭针加针
- ⋋ = 左上2针并1针
- ⋌ = 右上2针并1针
- ○ = 挂针
- ⋏ = 右上3针并1针

基础教程

基础编织方法

手指挂线起针

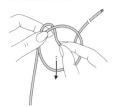

❶留出相当于织物宽度3倍长的线头做一个线环，从线环中将线拉出。

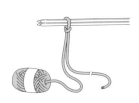

❷将2根棒针插入线环，此为第1针完成的状态。将线头一端挂在拇指上，将线团一端挂在食指上。

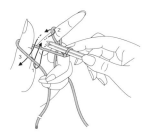

❸按1、2、3的顺序转动针头，在棒针上挂线。

❹暂时取下拇指，如箭头所示再次插入拇指。

❺伸直拇指将针目拉紧。第2针完成。重复步骤❸~❺。

❻起针完成。起够所需针数，抽出1根棒针开始编织第2行。

从另线锁针的里山挑针起针

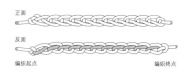

正面
反面
编织起点　　　　　　　　　编织终点

❶用作品以外的线钩所需针数的锁针，或者稍多几针。（另线锁针）

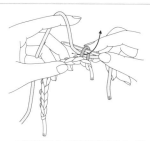

❷将棒针插入另线锁针编织终点一端的里山，用作品用线挑针。

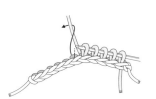

❸从里山一针一针挑取针目。

❹挑取所需针数。

▯ 下针

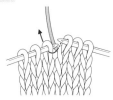

❶将线放在后面，将右棒针从前面向后插入针目里。

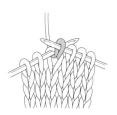

❷将线拉出后，从左棒针上取下针目，下针完成。

▭ 上针

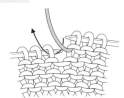

❶将线放在前面，将右棒针从后面往前插入针目里。

❷将线拉出后，从左棒针上取下针目，上针完成。

⬤ 伏针

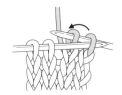

❶织2针下针，用左棒针挑起第1针覆盖在第2针上。

❷伏针完成。

⬤ 上针的伏针

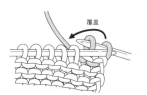

覆盖

❶织2针上针，用左棒针挑起第1针覆盖在第2针上。

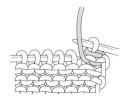

❷上针的伏针完成。

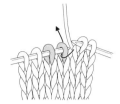 右上2针并1针

① 如箭头所示插入右棒针，不织移至右棒针上。

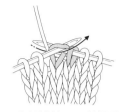

② 将右棒针插入下一个针目里，织下针。

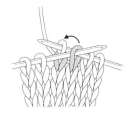

③ 将左棒针插入刚才移至右棒针上的针目里，将其覆盖在步骤②中织好的针目上。

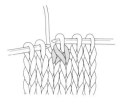

④ 取出左棒针。右上2针并1针完成。

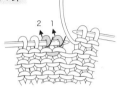 上针的右上2针并1针

① 针目1、2交换位置。首先如箭头所示插入右棒针，不织移至右棒针上。

② 如箭头所示插入左棒针，将针目移至左棒针上。

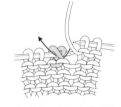

③ 针目交换了位置。如箭头所示插入右棒针，在2针里一起织上针。

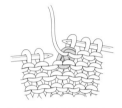

④ 上针的右上2针并1针完成。

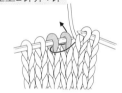 左上2针并1针

① 如箭头所示将右棒针从左边一次插入2个针目里，在2针里一起织下针。

② 左上2针并1针完成。

 上针的左上2针并1针

① 如箭头所示将右棒针从右边一次插入2个针目里，在2针里一起织上针。

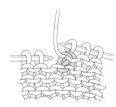

② 上针的左上2针并1针完成。

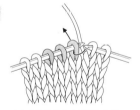 右上3针并1针

① 如箭头所示将右棒针插入第1个针目里，不织移至右棒针上。

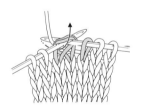

② 将右棒针插入后面2个针目里织下针。

③ 将左棒针插入刚才移至右棒针上的针目里，将其覆盖在织好的针目上。

④ 取出左棒针。右上3针并1针完成。

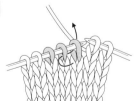 中上3针并1针

① 如箭头所示将右棒针插入右边的2个针目里，不织移至右棒针上。

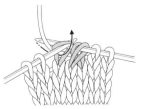

② 将右棒针插入第3个针目里织下针。

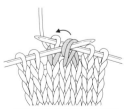

③ 将左棒针插入刚才移至右棒针上的2个针目里，将其覆盖在织好的针目上。

④ 取出左棒针。中上3针并1针完成。

⟁ 上针的中上3针并1针

 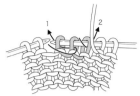  

❶如箭头所示将右棒针插入针目1、2、3里并移至右棒针上。（注意1的箭头方向）

❷如箭头所示按1、2的顺序将针目移至左棒针上。

❸将右棒针一次插入3个针目里，在3针里一起织上针。

❹上针的中上3针并1针完成。

⧓ 右上1针交叉

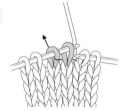 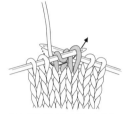 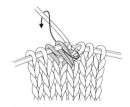 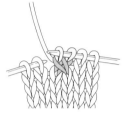

❶如箭头所示，将右棒针从右边针目的后面插入左边的针目里。

❷如箭头所示在右棒针上挂线织下针。

❸左边的针目不动，如箭头所示将右棒针插入右边的针目里织下针。

❹将2个针目从左棒针上取下，右上1针交叉完成。

⧓ 右上1针交叉
（下方为上针）

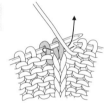 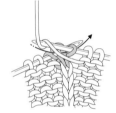 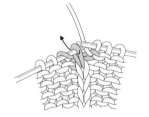 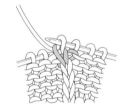

❶将线放在前面，如箭头所示，将右棒针从右边针目的后面插入左边的针目里。

❷在右棒针上挂线，在左边针目里织上针。

❸左边针目挂在左棒针上不动，在右边针目里织下针。

❹将2个针目从左棒针上取下，右上1针交叉（下方为上针）完成。

⧓ 左上1针交叉

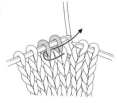 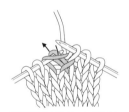 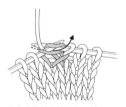 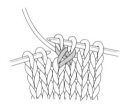

❶如箭头所示，将右棒针从前面插入左边的针目里织下针。

❷织好的针目不动，如箭头所示将右棒针插入右边的针目里。

❸在右棒针上挂线织下针。

❹将2个针目从右棒针上取下，左上1针交叉完成。

⧓ 左上1针交叉
（下方为上针）

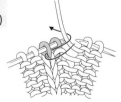 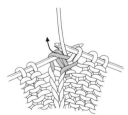  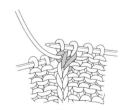

❶如箭头所示，将右棒针从前面插入左边的针目里织下针。

❷织好的针目不动，如箭头所示将右棒针插入右边的针目里。

❸在右棒针上挂线织上针。

❹将2个针目从右棒针上取下，左上1针交叉（下方为上针）完成。

右上2针交叉

❶将右边2个针目移至麻花针上，放在前面备用。

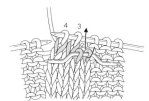

❷在第3、4针里织下针。

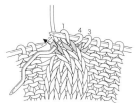

❸在麻花针上的第1、2针里织下针。

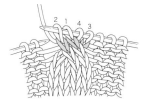

❹右上2针交叉完成。

左上2针交叉

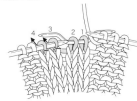

❶将右边2个针目移至麻花针上，放在后面备用。

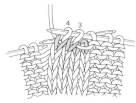

❷在第3、4针里织下针。

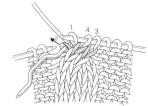

❸在麻花针上的第1、2针里织下针。

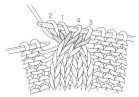

❹左上2针交叉完成。

右上2针与1针的交叉

❶将右边2个针目移至麻花针上。

❷将移至麻花针上的针目放在前面备用。在第3针里织下针。

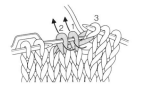

❸在麻花针上的2个针目里织下针。

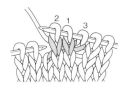

❹右上2针与1针的交叉完成。

左上2针与1针的交叉

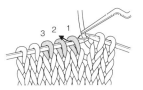

❶将右边第1针移至麻花针上。

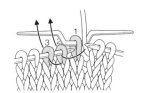

❷将移至麻花针上的针目放在后面备用。在第2、3针里织下针。

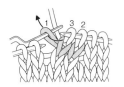

❸在麻花针上的针目里织下针。

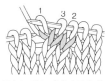

❹左上2针与1针的交叉完成。

滑针

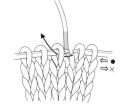

❶将线放在后面，如箭头所示将右棒针从后面往前插入针目里，不织移至右棒针上。

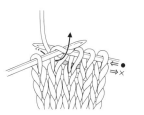

❷将右棒针插入下个针目里织下针。不织移至右棒针上的针目就是滑针。

上针的滑针

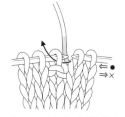

❶将线放在后面，如箭头所示将右棒针从后面往前插入针目里，不织移至右棒针上。

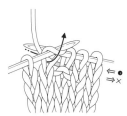

❷编织后面的针目。不织移至右棒针上的针目就是上针的滑针。

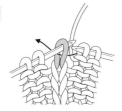 扭针

①如箭头所示，像扭转针目一样，将右棒针从后面插入针目里。

②在右棒针上挂线，如箭头所示向前拉出。棒针下面的针目根部呈扭转状态。

 上针的扭针

①将线放在前面，如箭头所示，像扭转针目一样，将右棒针从后面插入针目里。

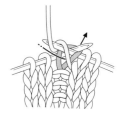

②在右棒针上挂线，如箭头所示向后拉出。棒针下面的针目根部呈扭转状态。

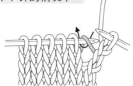 扭针加针（下针的情况）

①将前一行针目之间的横线挂在左棒针上，如箭头所示插入右棒针。

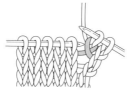

②织下针。棒针下面的针目呈扭转状态，加出1针。

 扭针加针（上针的情况.）

①将前一行针目之间的横线挂在左棒针上，如箭头所示插入右棒针。

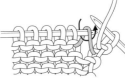

②织上针。棒针下面的针目呈扭转状态，加出1针。

 挂针

①将线从前往后挂在右棒针上。

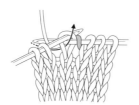

②织下一针。步骤①中的挂线就是挂针。

 卷针加针

①在食指上挂线，如图所示插入棒针后取出手指。

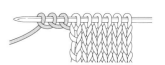

②3针卷针加针完成的状态。织下一行时，在卷针针目里插入棒针，注意不要让针目松开。

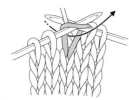 下针的1针放3针的加针

①织下针。

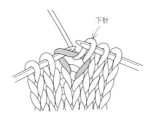

②挂在左棒针上的针目不要动。

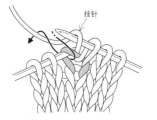

③挂针，在同一个针目里插入右棒针，再织1针下针。

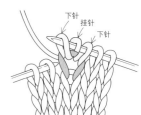

④下针的1针放3针的加针完成。

下针无缝缝合

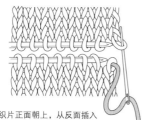

①将织片正面朝上，从反面插入缝针，缝合上下两织片的端针。

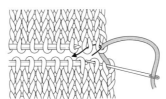

②将缝针插入下方织片的2个针目里，然后如箭头所示将缝针插入上方织片的2个针目里。

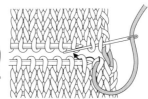

③插入缝针后，再将缝针插入下方织片的2个针目里（每个针目里插入2次缝针），如此重复。

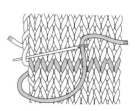

④最后将缝针从正面插入上方织片的针目里。织片有半针的错位。

卷针缝

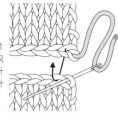

❶将留有线头的织片放在上方，将2片织片对齐放好。将缝针插入下方织片的半针里。

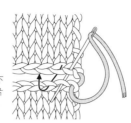

❷将缝针从上方往下方依次插入2片织片的外侧半针，拉线。

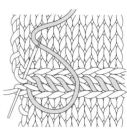

❸重复步骤❷，最后也是从上方往下方插入缝针，完成缝合。

挑针缝合

●直线部分的情况

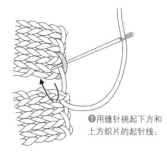

❶用缝针挑起下方和上方织片的起针线。

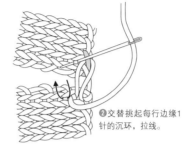

❷交替挑起每行边缘1针的沉环，拉线。

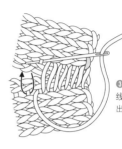

❸重复"挑起沉环，拉线"。拉线，直至看不出缝线。

●有加针的情况

❶从加针（扭针）中心的下方插入缝针。

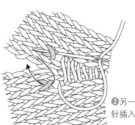

❷另一侧也从下方将缝针插入加针的中心。

❸接下来将缝针从上面插入加针的中心，挑起下一行边缘1针内侧的沉环（另一侧相同）。

●有减针的情况

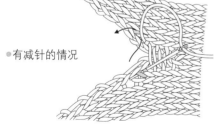

❶减针部分将缝针插入并挑起边缘1针内侧的沉环和减针时重叠于下方的针目中心（另一侧相同）。

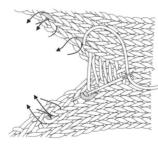

❷接下来将缝针插入减针时重叠于下方的针目中心，挑起下一行边缘1针内侧的沉环（另一侧相同）。

※沉环＝针目与针目之间的横线。

下针刺绣

●纵向刺绣（向上进行）

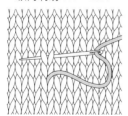

❶从反面将针插入1个针目的中心，挑起1行上面的针目呈倒八字的2股线，拉线。

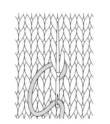

❷将针插入刚才的出针位置，从同一个针目的中心出针。重复步骤❶、❷。

●横向刺绣（向左进行）

与纵向刺绣方法❶一样插入针，从左边相邻针目的中心出针。

●斜向刺绣

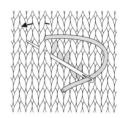

与纵向刺绣方法❶一样插入针，从往左1针往上1行斜方上的针目里出针。接下来挑起1行上面的针目。

MAINICHI NO TEAMI KOMONO（NV80470）

Copyright © Tomo Sugiyama / NIHON VOGUE-SHA 2015 All rights reserved.

Photographers: YUKARI SHIRAI

Original Japanese edition published in Japan by NIHON VOGUE CO., LTD.,

Simplified Chinese translation rights arranged with BEIJING BAOKU INTERNATIONAL CULTURAL DEVELOPMENT Co., Ltd.

日本宝库社授权河南科学技术出版社在中国大陆独家出版发行本书中文简体字版本。
版权所有，翻印必究
备案号：豫著许可备字-2016-A-0240

图书在版编目（CIP）数据

每日的手编小物 / 日本宝库社编著；蒋幼幼译. — 郑州：河南科学技术出版社，2017.10
（2022.4重印）
ISBN 978-7-5349-8761-8

Ⅰ.①每… Ⅱ.①日… ②蒋… Ⅲ.①棒针-绒线-编织-图集 Ⅳ.①TS935.522-64

中国版本图书馆CIP数据核字（2017）第156521号

出版发行：河南科学技术出版社
　　　　　地址：郑州市经五路66号　　邮编：450002
　　　　　电话：（0371）65737028　　65788613
　　　　　网址：www.hnstp.cn
策划编辑：刘　欣
责任编辑：李　平
责任校对：耿宝文
封面设计：张　伟
责任印制：张艳芳
印　　刷：河南博雅彩印有限公司
经　　销：全国新华书店
幅面尺寸：213 mm×285 mm　　印张：5　　字数：120千字
版　　次：2017年10月第1版　　2022年4月第2次印刷
定　　价：39.00元